Idea man

Idea man

Idea man

自分の頭で考えて動く部下の育て方 上司1年生の教科書

給主管的教科書

教你從新人報到第一天開始，帶出自行思考並付諸行動的下屬

「農林水產研究成果十大主題」得獎者・農學博士——篠原信◎著

李貞慧◎譯

前言

本書目的在於為新手主管、不知如何是好的主管、即將成為主管的讀者，提供一本說明主管應有「心態」的類「教科書」。

產業能率大學實施的最新「上市公司課長相關實況調查」注1顯示，課長最主要的煩惱就是「培育不出好下屬」。同一份調查也詢問這些課長們最終希望站在什麼立場，結果回答「想回到一般員工的立場」的人數創歷史新高。

在這種社會狀況下，最近越來越常聽到主管們感嘆「最近的新人一個指令才

前言

有一個動作」、「完全不覺得下屬有想用自己的腦袋思考並起而行的意思」。

還有人這麼說：

「結論就是優秀人才實在是少之又少啊！」

「可以自行思考並付諸行動，這是一種天分。」

甚至有人會尋求我的同意，「篠原先生，你說對吧？」

每次聽到這種問題，我的心情都很複雜。「唉，其實我好像也是一個口令一個動作的人啊……」因為我不認為自己很優秀，聽到這種問題讓我有自己被貶得一文不值的感覺，不知該說什麼才好。

不過我大概也能理解他們想尋求我的同意的心情。這裡我們就先省略專業不談，不過到目前為止，我有幸解決了許多全球研究人員認為不可能的課題。所以尋求我同意的人大概誤以為我很優秀吧。

但我必須說這可是天大的誤會。我只不過是因為主管的寬容和合宜的指導，讓我學會把自己的工作做好罷了。如果主管換個人，我一定無法有如此亮眼的表現，而且大概會變成標準的被動人才吧。

我無法輕易地點頭同意，還有另一個原因。不可思議的是，我的研究室裡沒有一個人是被動人才，連工讀的女生都很優秀，讓其他研究室的人羨慕不已。連續九年來接受我指導的學生們也都會自行思考並付諸行動。我甚至會想，一個口令一個動作是什麼情況？

可能是因為我是一個下指示的要領不好的人，身邊的人慢慢就受不了我，因而決定自己來吧。我連自己的事都給人靠不住的感覺，還常常因為工讀生叨唸「今天不是有客人要來嗎？」才想到有這麼一回事。日程安排也都是他們主動幫我管理，實在是幫了我大忙。

感嘆自己身邊都是被動人才的人，通常都很優秀。他們不但可以完美地完成自己的工作，給員工或學生的指示也很明確，是毫無疑問的優秀人才，我難以望其項背。可是我身邊的職員和學生卻都會自行思考，很多人都很羨慕我。

所以我突然有一個想法，那些感嘆「身邊的人都很被動」的人，都表示自己的下屬全都很被動，而來我身邊的人全都會自行思考並付諸行動。不是零就是一百，這種機率差異也太大了。

而且那些感嘆找不到優秀人才當下屬的人，全都比我優秀。不但能看清社會局勢，見解非凡，還有明確的願景。

再聽他們說自己的工作狀況，也都是能給下屬明確指示的主管。比起脫線的我，真的都是十分優秀的主管。

當我發現這種矛盾時，正好發生一件和工作無關的事。當時剛好有朋友向我吐苦水，表示不管怎麼說小孩就是不唸書，罵他就裝乖讀書，不罵他就不讀書，朋友已經無計可施了。

為什麼人會變得被動？

如何才能成為有衝勁、能自行思考並付諸行動的人？

經過一段時間考察的結果，我整理出一個名為togetter的網頁服務，標題是「為什麼會有『一個口令一個動作的人』？」[注2]，結果服務一上線，轉瞬間瀏覽人數就超過四十萬人次。這也正表示社會上有許多苦於「下屬被動」的主管，以及苦於被認為被動的下屬。

於是有人向我邀稿，「既然反應如此熱烈，要不要為了這些不知該如何與下屬相處的人寫本書呢？」

本書也因此誕生。

一個口令一個動作的人如何誕生？如何培育自行思考並付諸行動的下屬？我試著把所有我想得到的資訊都整理在本書中。

看到這裡有人可能想問，作者本人是那麼出色的主管嗎？當然不是。我有信心可以找出好幾個人為我作證，「他根本不是書中寫的那種人」。

這是因為我原本可是標準的「被動人才製造機」。我的性格很討人厭，很拘泥小節，寬以律己嚴以待人。

而且我的指示極為瑣碎：

「這個時候就要注意這裡哦！啊，對了，這裡也要。」

「其他還可能有這種失敗，如果真的發生那種失敗時……」

我是一個糊塗蟲，所以失敗經驗豐富。我恨不得把這些經驗全都傳授給新人，所以就變得嘮叨又瑣碎。

等我說完了，新人們早就忘了我前面說了什麼，所以當然一開始就不順利。此時我會立刻吐槽：「不對！剛剛不是叫你注意了嗎！」結果新人因為被我指出失敗而動搖，結果又失敗，然後又被我指責。

新人為了不漏掉我說的話，真的是死命地記。可是越是這麼做就越容易疏忽手邊的事，結果更容易失敗。

最後不知是放棄了還是豁出去了，我不下命令新人就完全不動。「接下來呢？」只做我指示的部分，然後又停下來。

我知道對方已經什麼都不自己想了。

可是我不知道如何打破僵局。

不知是不是因為放棄自行思考的緣故，等到一連串的作業結束後，新人還是完全不記得工作步驟。

我雖然有自覺可能是自己的教法有問題，卻不知該如何是好……。

我的教法到底哪裡有問題？這個問題困擾了我很久，這段時間漫長難耐。

所以我原本沒資格寫這本書。硬要舉一個我寫這本書的理由，說不定是因為我有豐富的失敗經驗。

一開始就成功的人，很難發現自己成功的理由。可是如果是一再慘敗後才找出解決對策的人，就十分清楚自己失敗的理由。

我之所以可以把「被動人才」的問題化為文字，可說正是因為我本人就是被動人才製造機。

說不定讀者當中也有人很擔心自己可能一直無法順利培育下屬。不會說話又沒有威嚴，也缺乏指導力，教法又很糟糕，一直煩惱是不是永遠沒有下屬願意跟著自己。

不過現在放棄還太早。因為只要改變心態想法，你就可能成為遠比我優秀的主管。

本書彙整了我在成功脫離「被動人才製造機」的過程中發現的訣竅。「主管不用舌燦蓮花」、「沒有威嚴也沒關係」、「主管比下屬無能也無妨」、「不稱讚也可以培育下屬」、「告訴下屬答案的流程」、「提升下屬士氣的流程」、「不指示也能讓下屬動起來」。編輯們說本書內容和傳統的領導論截然不同，令人難以置信。

只要運用這些方法，就完全不需要傳統要求領導人具備的「高強能力」。「強大的領導人」、「聰明的領導人」、「拉著大家前進的領導人」……本書內容和上述常識幾乎是背道而馳。

所有親戚當中我是公認最沒有才能的平凡人，但幸運的是一路走來，我的主管運很好。我是一個很彆扭的人，卻遇上能包容我這種問題兒童，並讓我幹勁十足的主管。受惠於每位照顧我的主管，我這種庸才才能有如今的小小成就。

既然如此，現階段被當成「沒有才能的人做什麼都做不好」、「被動的人原本就不具備自行思考的能力」的人，如果有我這樣的機緣，說不定可以發揮出遠超過我的能力。

我想一定有辦法可以解決這個問題。

我希望讀者們閱讀本書時，能同時發現原來就算是那樣的領導人也沒關係、原來還有那種方法啊。

如果讀者們的下屬都能因此像我一樣，感謝「遇上好主管」、「還好有這位主管，我的工作才如此順利」，這就是我最欣慰的時刻了。

篠原信

注1：學校法人產業能率大學實施之「第三屆上市公司課長相關實況調查」。受訪者為任職於員工人數一百人以上的上市公司，且直屬下屬一人以上的課長。二〇一五年十一月十三日至十七日共五日，透過網路公司實施調查，得到六百五十一位受訪者（男性六百三十三人，女性十八人）的回答。

注2：二〇一五年十一月四日發表於推特發言彙整網站「togetter」上的文章（http://togetter.com/li/895830）。

前言 2

序章
《三國志》、《史記》裡的理想領導人形象
優秀人才製造被動人才 20
「送糧草」的人功勞最大 24
吸出士兵膿瘡的將軍 27
山本五十六的名言其實還有後半段 29

第1章
「培育自動自發下屬的方式」為何誕生？
「被動人才」是如何誕生的？ 36
只要記一次就絕不會忘記的讀書方法 41

試著「無為而治」 44
不但「不教」，還故意騙人 48
也將「無為而治」試用在大學生和職員身上 50

第2章 不合常理的主管六大箴言

一、別以為教好下屬自己就輕鬆了 54
二、主管可以比下屬無能 56
三、沒有威嚴也無妨 59
四、別告訴下屬答案 63
續‧別告訴下屬答案 65
五、別試圖提升下屬士氣 70
六、不指示就讓下屬動起來 77

第3章

何謂主管的「戰術」？

多久才能學會工作？ 84
什麼是教育新人的基本原則「藏・修・息・遊」？ 87
確實學會單純作業的教育方法 90
還是別告訴下屬答案比較好 100
「分解工作」是主管的工作 102
以「來回運動」學會如何寫電郵 104
商談要先私下角色扮演 111
別告訴下屬工作祕訣 116
長達數月、數年的長期工作傳授方法 120
用蘇格拉底產婆法讓下屬學會假設性思考 124
治療「自己來比較快」的毛病 128
不需要「把小獅推下山崖」的獅子 129

第 4 章 新人報到第一天到第三年的培育方法

第一個月不是「學會」而是「習慣」……136
主管不用舌燦蓮花……138
別以為下屬有想做的事……145
晨會做什麼更有效？……150
最好在新人時期養成的習慣……152
休息時間該跟下屬說什麼？……153
下屬的存在不是為了讓主管偷懶……158
忙到沒時間教時怎麼辦？……159
重點不是「待在公司的時間」，而是「在公司做了什麼」……161
必須請下屬加班時該怎麼做才好？……163
工時、加班相關的原本想法……168
業務日誌的寫法……172

下班前應確認的事 175
如果下屬討厭和主管談話 177
三大方法讓下屬不斷地提出意見、發問 180
不知在想什麼的下屬很可怕嗎？ 186
不需要討好下屬 189
下屬不落實報連相時 191
三個月後到一年 192
下屬為什麼會鬧情緒？ 194
不給業績目標就讓下屬動起來 197
不稱讚的培育方法 200
「稱讚」讓下屬變得沒用？ 204
一年後到三年後左右 208
西鄉隆盛連自己的命運都交給下屬 211

評價下屬的四種方法 214
①加薪就可以讓下屬幹勁十足？ 215
②如何評價新人？ 218
③老鳥、資深員工的相處之道 220
④決定薪資是個大問題 222
下屬之間不互相競爭也會動起來 225
如何和多位下屬相處？ 230

第5章 九大應對煩惱的方法

「不要太努力了」的體恤讓我得以努力 238
截止期限的想法、傳達方法 242
即使下屬有幹勁，也別期待他永遠電力滿滿 247

提醒下屬時的基本想法 …… 248
激勵失望的下屬時 …… 255
沒有餘力慢慢培育下屬時 …… 258
怎麼做都無法建立良好關係時 …… 261
覺得下屬不合適時怎麼辦？ …… 263
可以持續成長的訣竅 …… 267

結語 …… 272

序章

《三國志》、《史記》裡的理想領導人形象

優秀人才製造被動人才

國中時父母買了橫山光輝[注1]的漫畫《三國志》給我，可是當時只出到諸葛亮大展長才的二十四集（共六十集），等不及下一集出版的我只好去讀橫山光輝《三國志》的原著，也就是吉川英治[注2]的小說《三國志》。在那之前我完全不讀只有字沒有圖的書籍，可說是正中雙親下懷。

父母的盤算先放一邊，國中時讀的《三國志》中的諸葛亮，是我當時前所未見的英雄人物。

我是一個動漫迷，對我來說英雄就是強大無敵，打倒壞蛋的人，就這麼簡單。可是諸葛亮不同於張飛或關羽，幾乎沒有任何戰鬥力，這樣的他卻能指揮幾萬人的軍隊大獲全勝。這種人和我過去印象中的領導人、英雄完全不同。

特別是赤壁之戰扣人心弦的種種謀略，這位將計就計的大天才完全擄獲我的心。因為太吸引我了，我竟然把這本只有字的書一字不漏地看完了。後來我也開始讀只有文字的書籍，可見雙親的策略有多成功！

不過我卻發現諸葛亮有一個奇妙的矛盾之處。他和劉備一起進攻蜀國時，有一幕是因為久攻不下，讓他十分驚訝「蜀國竟然人才濟濟！」的場景；可是等到諸葛亮統領蜀漢，到最後一場戰役時，他卻感嘆「蜀中無大將」。人才濟濟的蜀國，到最後落得人才凋零，這是為什麼？

吉川英治的《三國志》中，有一幕或可暗示原因。

盛傳諸葛亮即將病逝時，又派使者向司馬懿下戰書。司馬懿不談戰事，只問使者：「孔明每日工作狀況如何？」使者對曰：「丞相夙興夜寐，任何事都不假下屬之手，皆自己處理。」

這段描述讓我覺得我知道蜀中人才凋零的原因了。如果連可以交給下屬的事都攬在自己身上，下屬就會放棄自行思考。反正只要等諸葛亮指示，然後照做即可，下屬的態度就會變成「不干我的事」。

是不是因為諸葛亮連枝微末節的事都管，才讓下屬越來越不用頭腦思考呢？

暗示諸葛亮可能是「被動人才製造機」的場景還有一個，也就是「揮淚斬馬謖」這一幕。

馬謖是優秀的下屬，還是公認的諸葛亮接班人。蜀漢第一次北伐時，諸葛亮命馬謖防守街亭，並再三叮囑「絕不可上山紮營」。馬謖不知是否叛逆心作祟，竟把大軍帶上山紮營，結果被敵軍包圍，截斷水源，潰敗作收。諸葛亮因此不得已在大軍面前，揮淚把不聽命令而吃敗仗的馬謖斬首。

再考量到這一幕，真可說諸葛亮是「被動人才製造機」。馬謖如果真的是位優秀人才，自己想也知道在山上紮營很危險。但諸葛亮卻像不信任馬謖的才能一樣，在大軍出發前細細叮囑，連營地要紮在哪裡都不放過。

馬謖之所以不聽諸葛亮的指示，可能是因為叛逆心作祟吧，可能他心想「平常好像很器重我的才能，怎麼連這種打仗的基本常識都要教？既然這樣我就故意跟他唱反調，然後打個勝仗給他好看！」

越是對自己的才能有自信，會自動自發思考的人，越討厭人家鉅細靡遺地交代東交代西。這是因為大展長才之時卻接到鉅細靡遺的指示，就算做得再漂亮，功勞也全變成別人的，因為對方會說「看吧，跟我說的一樣吧」。馬謖還有想跳脫「諸葛亮掌心」的想法，可能原本是很自動自發的人才吧。

所以他才會做了違反命令的事，結果被斬首了。馬謖被斬首後的事，不論是漫畫版或小說版的《三國志》都沒有詳細說明。不過有了前車之鑒，我想以後諸葛亮的下屬應該都只會聽從他的命令，不會自己用頭腦思考了吧。

諸葛亮不應該鉅細靡遺地指示馬謖，而應該適度授權。如果真的不放心，也可以問馬稷「你覺得在山上紮營會發生什麼問題？」讓馬稷自己發現危險所在提出對策。如果是馬稷自行思考、自己發現的結果，說不定就不會有唱反調的想法。

小說中諸葛亮是史無前例的天才，書中描述蜀中沒有其他人能像諸葛亮一樣做出正確判斷。

站在諸葛亮的立場，不管下屬多麼優秀，在他眼裡看來判斷力全都比自己差，這也是無可奈何的事。所以他無法放手給下屬，把事情全攬在自己身上，必須自己判斷才能得到「最佳決定」。

這麼一來他變成唯一決策者，下屬變成只是被動等待諸葛亮指示的存在。所以蜀中並不是沒有人才，而是諸葛亮讓人才自蜀中絕跡。

吉川英治的《三國志》是根據《三國演義》[注3]這本稗官野史改編而成，內容並不全為史實。然而小說內容暗示蜀中無人才最主要的關鍵在於諸葛亮，這樣的故事設定讓我深覺作者吉川英治十分理解人性。

「送糧草」的人功勞最大

時勢造英雄，一介平民劉邦終於統一全中國，建立漢朝。統一後誰的功勞最大、誰將獲得表揚，眾所矚目。長久以來在第一線征戰的人都認為自己功勞最大，「我可是真的為劉邦賣命，誰能比我強」，期待受到表揚。然而最後受到表揚的最大功臣，卻是在後方負責後勤物資，從沒上過戰場的蕭何。

許多人當然不服，憑什麼說從沒上過戰場的蕭何功勞最大？於是劉邦開口了：「打仗時誰送糧草給我們？」

劉邦軍最大的特徵就是常吃敗仗，可是卻又能快速恢復東山再起。相對地對手項羽軍幾乎沒吃過敗仗，軍力強大。劉邦軍雖然三不五時吃敗仗，同盟卻越來越多，而項羽軍雖然勝仗連連，最後卻陷入成語「四面楚歌」的窘境，只能孤軍奮戰，其他軍全加入劉邦陣營。

這是因為不論劉邦軍敗得多難看，蕭何都有辦法收集到糧草和武器，送到戰場。只要在劉邦軍隊裡，就一定有飯吃，輸了也還可以東山再起，這種韌性讓劉邦軍成為「輸了也能不斷重來的軍隊」。

令人驚訝的是，劉邦竟然能注意到蕭何這種稀有卻極不顯眼的「幕後英雄」貢獻，並給予極高的評價。劉邦這種不只看表面的獨特看人眼光，能讓低調不醒目的後勤工作人員精神振奮，因而充滿著無論如何都要支持劉邦的高昂士氣。

「輸了也能立刻東山再起」，劉邦軍這種奇妙的韌性，正是因為連蕭何這種影子般的推手，劉邦也能給予正確評價的緣故吧。

劉邦軍獲勝的另一關鍵人物是韓信。韓信在劉邦軍中原不受重用，大失所望決定離開。結果蕭何知道後立刻去追，說服韓信「我會向劉邦舉薦你，相信我」而將他帶回。

當時劉邦軍又吃了敗仗，劉邦還以為連蕭何都要離開他了，一蹶不振。結果蕭何回來了，還把韓信也帶回來了。對著「我還以為連你都跑了，真的很擔心」的劉邦，蕭何極力推薦韓信，要求劉邦重用韓信。

令人驚訝的是在這種時間點，劉邦竟然任命沒有任何實績的韓信為大將軍。雖然劉邦極為信賴蕭何，但韓信對他來說畢竟不過是個沒有實績的陌生人，劉邦竟然敢把指揮權全權交給這樣一個人，實在是大膽過頭了，然而蕭何的確沒看錯人。韓信在重要戰役中大獲全勝，是漢朝成立的大功臣。

之後韓信因判亂罪被劉邦逮捕，當時有一段令人回味的交談。劉邦問韓信：「你覺得我能帶多少兵？」韓信回答：「陛下最多能帶十萬兵。」劉邦再追問：「那你能帶多少兵？」韓信回答：「我帶兵則多多益善。」劉邦笑著問：「那你怎麼會成為我的俘虜？」韓信回答：「你不適合領軍，但你很適合駕馭將領。」

劉邦並不是一個完美的人，相反地他是一個很多缺點的大老粗，然而他卻有一種個人魅力，可以感動領導人，讓領導人奮發圖強，這也是韓信說他「善將將」（領導人的領導人）的由來。

總而言之劉邦不僅能評價醒目的功績，也會因「沒想到他連這種細節都注意到了」、「原來他這麼理解我」而讓人感動。

吸出士兵膿瘡的將軍

吳起是和孫子齊名的著名兵法大師，甚至有「孫吳兵法」之說。吳起當將軍時，起居飲食都和自己手下的士兵們在一起，吃一樣的食物，睡一樣的場所，深受士兵信賴。

有一次有位士兵傷口化膿，吳起親自為他吸出傷口的膿瘡並照顧他。友人將此事告訴傷兵之母，沒想到這位母親竟然悲嘆起來。

友人問：「妳為什麼哭？將軍大人親自為妳兒子吸膿，沒有比這更光榮的事了。」這位母親回答：「吳起將軍也曾經為我丈夫吸膿，結果我丈夫因為感動，之後每次上戰場都奮不顧身一馬當先，最終戰死沙場。我想到我兒子也要走上他父親的老路，實在很悲傷。」

因為感動而甘願為一個人去死，這真的是一件好事嗎？我不知道。不過正如俗話說「士為知己者死」，我想人難免會有這種心理。

中國春秋時代有一個人叫豫讓。他為了替重用自己的智伯報仇，用漆塗滿全身和臉部，吞炭弄啞喉嚨，把自己變成一個完成不同的人，伺機報仇，可惜還是失敗被擄。

豫讓要刺殺的對象是趙襄子。趙襄子對他的執著感嘆不已，最後問了他一個問題：「在智伯之前你也侍奉過二位主子，但當時你並沒有為他們全力以赴。為什麼你卻為了智伯願意做到這種程度？」

結果豫讓回答：「前二位主子只拿我當一般人，所以我像一般人那樣報答他們。但智伯厚待我如國士，我當以國士之姿回報。」

對於信賴自己、看重自己的人，無論如何都想報答，這好像就是人的心理。所以相信別人是一件非常了不起的事。

山本五十六的名言其實還有後半段

俗話常說在上位者應以身作則。如果是教育人員或技術方面的前輩，或許真的需要以身作則。但領導人如果太過以身作則，為了怕領導人丟臉，下屬就不敢發揮優於領導人的才能。

有一種領導人讓人覺得「跟著他會有好處」，這種領導人帶領的團隊很有衝勁，團隊成長快速。可是因為領導人太突出，其他人看來就顯得很渺小。

還有一種領導人讓人覺得「跟著他很快樂」，這種領導人周圍聚集了許多才能特殊的人，就算遇上困難，大家也可以一起樂觀地突破困境。

第一種領導人就是項羽型。領導人本身能力超群，下屬大多看來蠢笨。因為領導人太優秀，下屬也會覺得自己被當成笨蛋是無可奈何的事，就算被當成笨蛋也不離開，正是因為覺得有利可圖。換句話說，當下屬發現無利可圖時就會離開了。

第二種領導人就是劉邦型。這種團隊氣氛輕鬆，甚至可以把領導人當笨蛋。領導人其實沒什麼大不了的能力，但又讓人無法討厭，而且不知怎地就想留在他身邊。為了留下，大家都會發揮長才，每一個人都有所成長，下屬能力也會變好。領導人有一堆缺點，但仍受人愛戴。

諸葛亮也一樣。我讀橫山光輝的《三國志》時覺得很不可思議，因為相較於其他英雄，劉備實在是太不起眼了，武功智謀都普通，但張飛、關羽、趙雲、諸葛亮等英雄卻都願意為他效命，讓我不禁思考領導人到底是什麼樣的存在？

劉備最無人可及的能力，可能就是滿足他人尊重需求的能力。承認他人的存在價值，讓人覺得只要有這個人在，自己活在這個世上就是有意義的。劉備可能正是可以滿足周遭人尊重需求的稀有存在，而建立漢朝的劉邦或許也是這種人。

要和這種人在一起，就必須讓自己變得更強、更聰明、更活躍，這或許就是劉備和劉邦的專長，提供讓下屬自動自發的環境。所以這兩個人不論吃了多少敗仗，都能捲土重來。

前面提到的以身作則，指的是領導人用自己的言行作為下屬的榜樣，下屬就會跟著領導人一起前進。然而劉備的武術足以作為張飛、關羽、趙雲的榜樣嗎？智謀足以作為諸葛亮的範本嗎？領導人開始以身作則，下屬就只會展現出略遜一籌的能力。

能力沒什麼大不了的領導人，最好別用以身作則的方法，因為這只會赤裸裸地呈現出自己能力不足的缺點，對下屬和自己來說都很可悲。還不如認同下屬的優點，專心想辦法讓下屬發揮就好，這樣領導人反而不需要太高深的能力。

在趙雲拚命救出幼子後，劉備見阿斗無恙不喜反怒，將幼子擲於地揚聲道：「為汝這孺子，幾損我一員大將！」對於擔心自己甚於幼子的劉備，趙雲感動不已，之後為劉備赴湯蹈火在所不辭。

所以重要的是主管要認同下屬的優異能力並發揮其所長，也就是要孕育出下屬表現越好，自己越高興的「環境」。

真正的以身作則並不是用能力和下屬抗衡，而是要想方設法讓下屬將能力發揮到極限。

二戰時的日本海軍司令長官山本五十六有句名言，「做給他看，說給他聽，讓他嘗試，若不給予讚美，人不會主動」，常被認為是以身作則的典範。不過這句話或許適合用在傳授下屬技術時，但我認為不太適合套用在領導人和下屬之間的關係上。

其實山本五十六的這句話還有後半段，「溝通且聆聽，表示認同後交給他做，人才有成長」、「以感謝的姿態守護，並完全相信他，人才才能養成」。我想山本五十六明確指出全心全力認同下屬努力的重要性。

領導人不一定比下屬優秀，也不需要比下屬優秀。領導人需要的是認為下屬有比自己更優秀的某種能力的想法。既然如此要改善團隊表現，就不必受限於以身作則的表面含意。

接下來本書將和讀者們一同摸索，找出每個人都能和那些過去偉大的領導人一樣，發揮下屬自主性、自發性的方法。

注1：日本著名漫畫家，是與手塚治虫、石之森章太郎等並列的漫畫界巨匠。

注2：日本小說家，主攻歷史小說，以改編史書聞名。

注3：一般認為是元末明初的羅貫中所著，中國《四大名著》之一。

第1章

「培育自動自發下屬的方式」為何誕生？

「被動人才」是如何誕生的？

我身旁沒有「被動人才」，一位都沒有。但讓我訝異的是優秀的人周遭反倒有被動人才。我不禁思考這是為什麼。

其實剛來到我身邊的人當中，也有我認為可能變成「被動人才」的人，這種人一開始就擺出等我命令的態度。如果我是那種很會下命令的人，這些人一定就成為標準的被動人才了，可是不知為什麼，他們一定會變成自行思考並行動的人。這是為什麼呢？

通常有人問我的指示時，我一定會反問：「你覺得怎麼做才好？」因為我很粗心大意，沒有自信下達正確指令，所以習慣會聽聽對方的意見。一開始這些態度被動的人聽到我的反問常會愣住，但我不會就此退縮，還是會問他們的意見。「其實我也不知如何是好。可是又不能什麼都不做，所以我希望有一個思考的方向。你有什麼發現嗎？」我會用什麼都可以，只要願意開口就是幫了我大忙的形式，尋求對方的意見。這麼一來對方就會誠惶誠恐地說出自己的意見。

「啊，原來如此，我還真沒這麼想過耶！」、「聽你說我才發現，原來也必須注意這裡啊！」我會告訴對方，他的意見給我正面幫助，促使他再多說一點，然後對方一開始那種小心翼翼的態度就會慢慢消失，願意表達更多意見。

當然有時聽到的意見可能不符合我的期待，甚至牛頭不對馬尾。但我也不會因此徹底否定他，而是告訴他：「原來如此。不過這次我想優先做這件事，從這個方向去思考的話，你有沒有什麼其他意見呢？」我會把我的期待告訴對方。

這樣來回溝通幾次後，職員和學生好像就能想像我的想法、期望。慢慢有一天，他們會主動跟我說：「因為你出差不在，所以我會如此處理這件事，沒問題吧？」而且大多和我的想法八九不離十。

當然有時職員的處理還是偏離我的想法，此時我會告訴他們：「是我的指示太模糊了才會這樣，這是我的責任，你不要放在心上。不過其實我是這麼想的，下次可以請你這樣處理嗎？」用這種方式修正偏離軌道的想法。我把上述過程整理成以下步驟。

- 只要有機會就傳達我的想法。
- 然後讓下屬自行思考後行動。
- 就算失敗（=處理方式和我的想法不同）也當成「沒辦法的事」，再次傳達我的想法，請下屬下次修正。

只要反覆執行這三點，就可以培育出會忖度我的想法，但也會自行思考的人才。

相反地感嘆「都是被動人才」的優秀領導人，和員工之間的相處方式好像跟我不同，特別是他們對第三點「失敗」的處理方式極為嚴厲。

「當時我不是告訴你怎麼做了嗎？你為何不照我說的做？如果你有用自己的

大腦想一想，也知道根本不能這樣做啊！」

只要聽到主管這麼說，下屬就會因為挨罵而退縮。為了不要再被罵，下屬就會只聽命令辦事，不再自己想。為了不再被斥責「你為什麼不照我說的做？」，就變成了連「這種小事拜託你自己想吧」的枝微末節部分，都要聽人指示才行動。所以優秀的主管才會不滿，「只等著我指示，都不用自己的大腦想」。

可是「被動人才」其實並不是不會用自己的大腦想，而是因為自己想了之後行動的結果，主管常常不喜歡而被罵，所以決定全部聽主管的指示辦事。

指示原本就不可能全說清楚。例如「把桌子擦乾淨」，這個指示中並未說明要用什麼布擦、布放在哪裡，並沒有把細節全說清楚，只能自己判斷是不是用這塊布呢？只能自己去找，然後把桌子擦乾淨。

之後的發展就可能引起不同的結果了。如果下命令的人說：「你為什麼用新的布擦？只要多找一下不就知道布在這裡了？你怎麼這麼浪費！」擦桌子的人可能就會退縮，下次就連要用哪塊布、布在哪裡等細節，都要下命令的人說清楚才會行動。

但如果下命令的人反應是：「謝謝你把桌子擦乾淨。什麼？用新布擦有沒有問題？沒問題的啦，我也沒說清楚布在哪裡，下次你只要把布放在這裡就好了。」這麼一來，擦桌子的人就會得到自行判斷後行動也無妨的經驗。

「指示」原本就不可能鉅細靡遺，下屬總有必須自行判斷後行動的地方。而行動結果的回饋有兩種，一是破口大罵「錯了！」，一是「原本指示就沒說清楚，你還能完成真是令我吃驚，謝謝你。」這就是關鍵分水嶺了。

主管優秀，下屬就被動；像我這種頭腦不靈活的人，下屬反而比我優秀。想想還真是諷刺。

不過優秀人才應該可以立刻模仿我的做法，這樣的話就會變成優秀人才加優秀下屬，真是如虎添翼。

要培育自行思考的下屬，就要包容他們的失敗，甚至稱讚他們願意自己思考，承擔失敗風險的勇氣。

只要這個社會能寬容失敗，被動人才或許會少到讓人驚訝的地步。

或許大家應該改變自己的想法。沒有人天生優秀，優秀的人都是歷經多次失敗後才變得優秀。

只要記一次就絕不會忘記的讀書方法

以上是二〇一五年十一月四日我在網路上發表的文章，也是撰寫本書的契機。我把這篇文章微調成適合書籍的內容。

以下則是我發現本書介紹的「自動自發下屬的培育方式」的來龍去脈。

如同「前言」所提，我原本是很注重小節的人，寬以律己嚴以待人，實在不是討人喜歡的性格。所以我原本是不折不扣的「被動人才製造機」。

「這樣好像不行。大家都說我的說明很好懂，可是每次我說完後，大家好像就忘光了。如果別人這樣說給我聽，我大概也記不住。該怎麼辦才好呢？」

這是我長久以來的煩惱。

我突然想起一件事。

國中時父親對我說：「有什麼不清楚的地方都可以來問我，我會教你。」看他說得很有自信，我就去問他：「這裡我看不懂。」結果他只跟我說：「去看課本。」問他其他問題，答案也是「去看課本」。

搞什麼嘛！如果你不知道，就別說要教我，好像你很厲害一樣。結果父親說：「書讀一百遍，你自然就懂了。就算原本不懂，讀一百遍也會懂。去看課本。」什麼嘛，不想教我一開始就別說要教我啊！

我沒辦法，只好一邊碎碎唸一邊去看課本。老師上課時我也聽不太懂，父親也不教我，我又是家中老大，附近也沒有比我年長的人可以教我，我又沒去補習，根本沒人可以教我。

不過看課本有一個好處，就是可以照自己喜歡的步調讀書。別人說明時是按照他的步調來說明，聽到後來我會跟不上。這個時候只能拜託他再說一次，這樣又被人嫌煩。可是課本就沒有這種問題，看書時理所當然「完全按照自己讀書的步調前進」，所以可以慢慢理解。

數學課第一個搞不懂的內容就是絕對值。絕對值是什麼啊？為什麼負一的絕對值是一呢？那一的絕對值會變成負一嗎？

反覆看課本後，我突然發現「莫非這指的是離0多遠，指的是『距離』？」我根據這個假設試著解題。一邊手心冒汗心臟怦怦跳，擔心可能是自己想太多誤會了，一邊解題。負七的絕對值是多少？因為和0距離七，莫非絕對值是七？正確答案是多少？……哇！答對了！

原來如此。原來絕對值指的就是和0之間的距離啊！但我的理解真的對嗎？我內心還是隱隱不安。所以我就根據這個「假設」持續解題，結果每一題都答對。我想的好像真的是對的。為什麼學校老師不這麼說明呢？不過我可是自己找出正確答案了呢！

只要是自己找出來的解答方式，就一輩子不會忘記。因為「沒人教我，我可是自己發現的呢！」這種得意的心情，會讓你的記憶更為深刻。

我想起這個經驗。是不是不要教，他的理解才會更深入、更記得住？說得簡單易懂，聽的當下的確懂了，但如果這些內容不能留在小孩或晚輩們的腦海中，一點意義也沒有。

讓孩子、晚輩們理解，而且會做，這一點才最重要。所以是不是不用在意說明是否巧妙比較好呢？

試著「無為而治」

有一次有人拜託我教一位成績老是墊底的國中生。那個學生比我懂事，但性子有一點冒失，寫漢字時常多寫一橫，解數學題時字跡龍飛鳳舞，不知是三還是八，連他自己都分辨不出來，所以老是被打叉，自己也不知道到底懂不懂正確解法，最後對讀書越來越沒有自信。

我馬上就知道至少對於這位學生，如果用我過去的「極簡單易懂（但卻冗長不已）」的說明方法，他一定會很單純地認為「我懂了！沒問題，我可以的！」，但其實根本就沒有把我說的話聽進去。他完全不適合我過去的教法。

所以我決定採用父親不教我的方法，對這個學生「無為而治」。

我告訴他「我在你旁邊看報紙，有不懂的地方再問我」，然後就自顧自地看報去了。

當他問我「老師，這裡我不懂」的時候，我就跟他說「這樣啊，那你去看課本」，然後繼續看我的報紙。

「不是吧，我就是不懂才要問你。」「沒問題，你看課本就一定會懂的。」「看課本怎麼可能會懂！」「放心，你一定會懂的，去看看再說。」

他問了幾次後就發現，這個人真的不會教我，只好不情不願地翻開課本。「好像在這附近吧……」他邊翻還邊斜眼偷看我，可能是想從我的神色中找線索吧。

「這樣啊，如果你覺得是那裡，就讀那裡看看。」他心裡還以為太好了，猜對了！結果看下去才知道根本不是那裡。

所以他有一點生氣地說：「不然你至少給個線索啊！拜託啦！」

「你就在課本中找和那題類似的部分。沒問題，你一定找得到的。」

我一點也沒想教他的態度，讓他終於急得發飆了。「你教我一下是會怎樣啊！」連眼淚都流下來了。

「沒問題，你一定會懂的。你就去看課本吧。」

他抽抽搭搭地哭了一陣子，我就在一旁默默地守著他。

最後他終於放棄了。這個人真的什麼都不會教我。於是從頭開始翻找課本。

然後他找到了寫著類似那個問題的那一頁。「老師，這一頁很像。」

「這樣啊，那仔仔細細地把那裡讀一讀。」

他慢慢地讀，由上而下，再由上而下，反覆讀了好幾遍。

看起來這裡的內容和問題幾乎完全相同，例題還說明了解題方法。「那我照著解解看吧。」

「如果你這麼想，就試試看吧。」

「老師你幫我看看答案對不對。」

「我看我看……哇！一百分！你好棒！」

學生的表情一下子就亮起來了。「沒有啦，我就是覺得那裡很像而已啊！」

他高興得不得了，話也變多了，我也笑著點頭回應。

不久之後我跟他說：「那其他問題你也用同樣的方式解解看吧。」他立刻精神飽滿地說「好！」然後就開始解題了。

那個學生就這樣記住了解題方法，而且再也沒有忘記。

明明之前不管怎麼說他都不懂，結果這次我什麼都沒說，他不但自己理解了，還會解題了，而且不會再忘記。

這到底是怎麼一回事啊？「教育」這個字明明寫著「教」，其實反而不能教嗎？

不但「不教」，還故意騙人

不教他反而好像更能理解，也能解題，而且不會再忘記。

既然如此，那我乾脆就跟過去反其道而行吧。

以前在讓學生解題前，為了避免他們失敗，我會鉅細靡遺地說「這裡有這種陷阱，要小心」、「像這種騙人的問題很常見，要小心」、「不要忘了也會有這種例外」，未雨綢繆地仔細交代。但現在我全都不說了。

不但不說，還故意問一些陷阱題、騙人題，混淆學生。也就是故意讓他們「淋成落湯雞」。

「鴨嘴獸是哪一類動物？」學生們剛學過，所以很有自信地答「哺乳類！」

「咦？真的嗎？可是牠會產卵耶？」

這下子學生們就開始動搖了。對哦，會產卵那應該不是哺乳類吧？那麼「會不會是爬蟲類？」

「咦？那鴨嘴獸跟其他爬蟲類一樣，會改變體溫囉？」

學生們一臉訝異，於是仔細認真地翻讀課本。

我在旁邊竊笑，等著他們回答。

「老師你騙人！鴨嘴獸就像是爬蟲類和哺乳類的合體，所以會產卵，是例外啦！」

「哦哦，沒錯，你真聰明。」

只要受騙上當過一次，就永遠不會忘記。

對於似懂非懂的部分、容易誤解的部分，身為老師的我會故意裝成什麼都不知道，對學生們提問，讓他們自己發現自己的知識模糊不清，仔細確認後正確理解，不再有誤解存在。一直到他們正確理解無誤，可以說明給我聽為止，我會裝成什麼都不知道，故意使壞誤導他們。然後學生們每次都會動搖，最後終於能簡單明瞭地說明給我聽。

只要能做到這一步，這個知識就會永遠留在他們的腦海中。

咦？怎麼回事？難道老師不需要說明嗎？

老師不說明，而是提問讓學生們來說明，這樣更有助於他們正確理解並確實記憶……這又是怎麼一回事？

也將「無為而治」試用在大學生和職員身上

我想到這個經驗，所以也試著把這種「無為而治」的方法用在研究室的職員和學生身上。

我研究室的職員以前都是家庭主婦，當然不具備專業知識。跟她們說專業知識，她們只會說「那種事老師自己想就好了」，然後就說不下去了。她們說的也沒錯。

所以我試著運用「無為而治」的方法。我儘量不說明，而是給職員和學生可以輕鬆表達意見的機會。我不會自己一個人從頭說到尾。

當我問「這是怎麼了？」他們當然會回答「不知道」。

「對啊，不知道吧！我也不知道。不過仔細看看，我發現這一帶變成這樣了，大家有沒有什麼其他發現呢？」

我接著這麼問，就有幾個人開始回答了。

「啊，原來是這樣，這我倒沒發現耶。會發生這個和那個的原因是什麼呢？用猜的也沒關係，請大家告訴我你們的發現。」

我儘量讓他們說，而不是自己說。開發新裝置時，我也會和學生與職員一起看圖，一起想想怎麼做才好。

不可思議的是，這種做法好像比我事先說明一大堆，大家更記得住圖面，過了幾天都還記得，甚至連圖為什麼畫成這樣都記得，而且還會主動建議「用這種結構如何？」，如果是我一個人說明圖面，大家明明什麼都不記得。

可能是因為聽我說明是被動作業，所以聽不進去，根本不會在腦中停留。

可是如果要向我說明，他們好像就來勁兒了。我的理解力不是很好，常常拜託他們「對不起，這裡請你再說一次」。這麼一來為了讓我理解，他們就會去想怎麼說我才能理解。這種主動參與的做法，能加深理解程度，而且不會遺忘。

積極、主動、自發性參與，比被動參與更能加深理解與記憶。

「無為而治的教法還真不錯呢。」就在這一瞬間，我發現了「自動自發下屬的培育方式」。

第2章

不合常理的主管六大箴言

下一章將說明具體技巧。在說明技巧之前，我想用本章探討主管最好要知道的「心理準備」。「那種東西不用你說啦！」在你這麼想而打算跳過本章前，我還是希望你耐心讀下去，因為本章會談到很多人沒注意到的細節。就算先學會了技巧，如果沒有做好心理準備，其實也很難實踐。

一、別以為教好下屬自己就輕鬆了

「教好下屬之後就把自己的工作交給他」、「下屬會了，我的辛苦也可以少一些吧」，很多人都有這種美好的期待。但這些人大多會失望，請大家千萬注意這一點。

主管的工作就是「讓下屬工作」，但絕不是「讓下屬做主管的工作」。看起來很像，其實是完全不同的事。

如果把主管和下屬的關係比喻成身體，主管就是神經，下屬則是肌肉。肌肉的工作就是伸縮讓人運動；神經的工作則是下達何時該伸何時該縮的指示。如果神經說「什麼時候要伸要縮請肌肉你自己決定哦」，你一定會想說不可以這樣吧。

下屬的工作原則上很類似肌肉，是單一功能。就算做的是組裝精密機械這種複雜且精密的作業，對肌肉來說，就是反覆伸縮這個動作，發揮單一功能而已。但要適當地伸縮，就必須有神經適當地指示，所以神經必須好好地工作才行。

同理可證，要讓下屬好好地工作，主管也必須好好地工作才行。主管的任務就是要確實做好主管的工作，也就是「讓下屬工作」。

因此主管必須負責做好自己應該做、下屬無法做的工作，如俯瞰全局的思考、擬定充滿遠見的作戰計畫等。下屬則要負責把自己份內的事做好。主管與下屬之間就是這種分工合作的關係，這也是主管應有的心理準備。

如果以為下屬多了，身為主管的自己就輕鬆了，那就大錯特錯了。

其實每多一位下屬，主管也會多一件必須顧慮的事，所以一開始就必須認清這個現實。

二、主管可以比下屬無能

應當要做下屬的模範……。俗話說身先士卒，所以自己必須努力工作當模範。因為這種想法而努力過頭，反而可能讓下屬越來越不想工作。

業績良好而順利晉升的人，常會因為當主管要比當下屬時更努力的想法，而繃緊神經。其實改變想法，放輕鬆一點比較好。

這是因為主管和下屬的工作方法截然不同。晉升主管的人必須發覺應該努力的地方不同了。

當自己還是別人的下屬時，對主管展現自己的想法和業績，如「我連這種事都想到了哦」，可以獲得主管的寵愛。有點臭屁但對工作有熱情的年輕人，對主管來說是可貴的存在。所以身為下屬的自己，就學到展現「我會做事」可以成功的體驗。

可是身為主管，原則上不需要向下屬展現「我會做事」。

我們看到榜樣，一般會有兩種反應：一種是期待「我希望能和榜樣做得一樣好」而努力；另一種則是「哇！這個榜樣真的太棒了，棒到我覺得自己根本做不到……」而直接放棄。

把自己當成球員的優秀主管，對下屬展現「我會做事」，大多會得到第二種反應。主管的工作是讓下屬工作，可是主管卻和下屬競爭誰的能力好，甚至因此影響下屬士氣，這有什麼用呢？

主管的工作有一部分和下屬的工作完全不同。雖然主管需具備教育下屬工作的能力，但卻不需要經常比下屬更「會做事」。

大家可以想想獅子和大象的馴獸師。人類沒有獅子那麼銳利的爪牙，也不像大象體型大又孔武有力，但人類卻能驅使獅子跳火圈，教大象表演才藝。

雖然馴獸師必須教動物在這裡要表演這項才藝，但卻不需要像獅子一樣親自跳火圈，也不用像大象一樣用長鼻子表演才藝。不少人覺得技術比別人好才有資格教人，其實老師不一定要比學生優秀。

馴獸師除了教才藝外，也要餵食動物、處理動物的排泄物。換個角度來看，還真不知誰才是主人。而獅子和大象只要在需要的時候表演才藝，就已經完成牠份內的工作。

主管的工作是儘可能地發現下屬潛力，並助其在工作上大展長才。所以主管要把雜事處理掉，準備一個下屬容易發揮的環境。主管的工作可說就是一個打雜的人，目的是為了讓下屬好做事。

老師不一定要比學生優秀，換個角度來說，意思就是主管不及下屬優秀也無妨。俗話說得好，「偉大的選手不一定能當偉大的教練」，要成為偉大的教練，需具備的能力不同於偉大的選手。當然偉大的選手當上教練後，應該可以用自己過去的實績讓選手們服氣。然而要改善選手們的表現，就必須有教練應有的其他能力。

主管也一樣，必須具備不同於員工的能力。那就是提升下屬表現的能力。要讓下屬大展長才，就必須讓他充滿幹勁。總而言之，主管的工作可說就是激發下屬的幹勁。

三、沒有威嚴也無妨

有些新手主管衝勁十足，以為「要讓下屬尊敬我才行」、「要讓下屬乖乖地聽我的話才行」，然而這種人常會帶出被動下屬。

工作其實很奇妙，如果是自己喜歡的工作，就算口中抱怨「我已經三天沒睡了啊！」，還是很享受這種疲勞的狀態，樂在工作中。但如果是別人交辦、不是自己主動想做的工作，就有很強烈地「被迫做」的感覺，會一直抱怨「好痛苦！好累！好想睡！累死了！我想回家！」。

這是為什麼呢？為什麼自發性去做的事，再怎麼困難辛苦也都不覺得苦，但如果是「被迫做」的事，一點小事就覺得「啊～累死了」呢？

雖然原因和機制尚不清楚，但自動自發去做的事，就算忙得團團轉也不覺得苦，而「被迫做」的事就算只是舉手之勞，還是覺得很痛苦，這好像真的是鐵一般的人類心理。既然如此，「要讓下屬工作」的主管就必須牢記這個道理，面對下屬。

當然主管或許可以暗示要減薪或解雇，用威脅的方式讓下屬工作，這是用恐懼支配他人的做法。就某個角度來看，這是每個人都能輕鬆上手的方法。所以對自己當主管的技巧缺乏自信的人、不知該如何是好的人，就很容易死抓著這個方法不放。

但是請大家等一下。以為要讓下屬工作就只能用恐懼支配他的人，其實只是因為不知道有其他方法，所以只能死抓著這種方法不放。其實真的還有其他方法。本書目的就是要讓更多人知道這種方法，廣為宣傳普及，所以請大家千萬別放棄，試試我說的方法吧。

社會上普遍相信「人類是討厭學習的生物」、「人類是不想工作的生物」。如果可能，沒人想學習，沒人想工作。人類本性就是能偷懶就偷懶，享受人生。

當然如果一個人有被迫做苛刻工作的經驗，他有能偷懶就偷懶的願望也不奇怪。不過人類好像是想學習也想工作的生物。把「不會」變成「會」的快感，是人類基本的需求。

小嬰兒從只會爬到會站，再從會站到會走。「不會」變成「會」的瞬間，人類會覺得快樂。原本結結巴巴，變成可以流暢地說出營業話術。雖然不良品堆積如山，但失敗卻變少了。原本應付眼前狀況就已精疲力盡，現在有些餘力可以看清全貌了。原本什麼都不知道，逐漸可以用專業知識來說明。當人類感受到自己的成長時，就會覺得快樂。

只要盡可能激發「不會」變成「會」時的快感，人類就會越想學習和工作。

仔細想想靠恐懼「讓人起而行」的方法，又被稱為體育團隊式、斯巴達式、軍隊式教育方法。

日本在日俄戰爭後因為逃兵太多，軍方急得不得了，決定實施鐵腕政策，用恐懼支配士兵以培育服從命令的軍隊，這就是軍隊式教育方法的起源。不准有意見，接到命令什麼都不要想，不顧一切往前衝就對了。為了培育出這種軍隊，這種教育方法因而誕生。戰後體育團隊訓練時，因為找不出除了軍隊式教育以外的榜樣，就沿用這種教育方式至今。

換言之，用恐懼支配他人，打是情罵是愛的方法，就是要產出「不思考」的人。所以如果你「想要自動自發的下屬」，卻又用軍隊式教育鍛鍊下屬，這原本就是矛盾的做法。如果你很氣「為什麼我手下的人都不會想？」，就必須先自覺自己採取的手段，「原本就是讓人什麼都不想的方法」。

如果不能發掘除了用發火、責罵、恐懼支配下屬以外的方法，你身邊就不可能有自動自發的下屬。

那麼主管該如何是好呢？接下來就讓我們一起來想解決方法。

四、別告訴下屬答案

有些人認為主管就是要仔細懇切地教下屬工作才行，然而教得太仔細反而會扼殺下屬對工作的熱情，培育出「被動人才」。

主管的工作就是要激發下屬的幹勁，但是怎麼做才好呢？

首先一定要注意「教太多會扼殺下屬的熱情」，這一點其實也是我自己常犯的錯誤，所以也是我反省後的心得。要讓下屬對工作有熱情、更專注、低階錯誤越來越少，主管指導時最好要意識到「不教什麼」。

人類有個不可思議的習性，也就是身邊有人會仔細教時，自己就不去想。因為「反正我不想，他也會幫我想，那就偷個懶吧！」，結果變成「思考外包」。

「爺奶寵出慣寶寶」就是這種現象的極端表現。這句話的意思是在爺爺奶奶眼中，小孫子可愛得不得了，不論孫子多大都還要餵他吃飯，照顧得無微不至，結果孫子長大後什麼都不會。雖然這種例子是少數，但自古以來都有這種現象。當然這並不是說隔代教養的小孩都有這種問題，但有時爺奶寵過頭，就會養出什麼都不會的小孩。

大家可以想想，當自己還在摸索，不知可以向誰求救時，好不容易終於靠一己之力找出解決問題的方法。此時心中是不是感到非常驕傲呢？這種感覺就是所謂的自我效能（Self-efficacy）。自己也可以完成某些事的這種感覺，甚至成為教育心理學的專有名詞，是很重要的概念。

靠一己之力完成某些事。感受到這種自我效能時就會有自信，而且會產生想更多方挑戰的熱情。可是如果先教了他，他就無法體會自我效能。「那樣做會失敗哦。這樣做比較好哦」。有人教當然很好，可是這樣就無法體會到靠自己的力量找出答案的快感，結果工作變得無聊，最終變成被動人才。

明明是不想讓他重蹈自己的覆轍而親切地教他，結果卻變成反效果，實在很遺憾。可是你自己一定也知道一件事。

那就是辛苦一定有代價。

從「不會」到「會」的那一瞬間，你一定有很強烈的成就感。所以請改變自己的想法，讓下屬也能感受這種成就感和自我效能吧。

請大家想想如何強化下屬「達成的快感」，而不是「告訴他答案」。

續．別告訴下屬答案

教的人常記得「這我之前教過你了啊！」，可是被教的人常常什麼都不記得。這是因為教是主動行為，而被教是被動行為。既然如此，為了讓下屬記住，就必須讓他們變得「主動」。

就算我叫大家「不要告訴下屬答案」，大家還是會忍不住想說，這是人之常情。所以這裡要補充說明一個淺顯的例子。

高三的時候，有一次同學很激動地跟我說他的學習計畫。

「從今天開始我每天要背十個英文單字。一個單字只要寫一百次，就一定能記住，持續三百天我就能背下三千個單字。這個方法一定沒問題。」

當時還很悠哉的我聽了之後只覺得：哇！好偉大！一個月後我去問那位同學進展如何，結果他用陰鬱的表情這麼說：

「篠原啊，你聽我說。我明明記住了，可是三天後就忘了一些，一個月後就像根本沒學過這些單字一樣。我明明很努力地想記住，我的記憶力到底是怎麼了啊……」

記憶力是一種奇妙的東西，越想記住就越記不住。我很同情這位同學。我國中第一次背英文單字時，母親一邊摺衣服一邊問我：「兔子怎麼說？鉛筆呢？」用問答的方式陪我練習，可我還是背不起來。

反覆幾次之後，反而是在旁邊看漫畫的弟弟答出來了：「Rabbit！Pencil！」結果我很生氣，和弟弟吵了一架，還因此被母親罵：「自己記不起來，怪誰？」真的是悽慘無比。

對自己的記憶力缺乏自信的我，考大學前試著用國中恩師教的方法，也就是用鉛筆讀的方法準備考試。這個方法就是讀英文單字的參考書時，一邊用固定速度移動鉛筆描寫單字。用這個方法讀，一本參考書大約要花一小時左右。

用這個方法讀，第一次當然記不住。可是奇妙的是第二次我就發現有幾個單字好像有看過。雖然不懂單字的意思，但卻有這個字好像是在這一頁左上方的印象，好幾個單字都讓我有這種感覺，我開始覺得「我的記憶力好像很好耶？」

到了讀第三次時，我偶爾會看到幾個知道意思的字。明明我讀的時候只是用鉛筆描繪這些字，竟然可以知道這些字的意思，實在太厲害了！這讓我很高興。

到了這一步，用鉛筆讀就變得很有趣，一本書要讀一小時，我卻不厭其煩地想一讀再讀。原本我用的方法就是記得住才怪的方法，所以記不住也是天經地義的，我不會因為記不住而遭受打擊。但不可思議的是越讀下去，有看過的單字越來越多，知道意思的單字也越來越多，讀書變得很快樂。一旦覺得快樂，記憶力好像就會變好，就越容易記住。

記憶這個東西真的很任性，越想記住就越容易忘記。記憶好像抗壓性很差，所以壓力越大，就越想不起來原本記得的東西。

大家很容易誤以為記憶力靠自己，其實記憶力根本是最不受控的東西。

大家一定都有越想想出來，就越想不出來的經驗吧。所以最好把記憶力當成是「另一個人」，這個人被忽視心情不好時什麼也記不住，一來勁兒什麼都記得起來。就算是自己的記憶也不要以為可以隨心所欲，最好把它當成另一個「記憶力先生／小姐」。

所以對於下屬的記憶力，主管最好也有這種認知。

就算叫下屬「這一定要記住」，有時也不是他想記就記得住。對於感興趣、覺得快樂的事，就像是最喜歡的漫畫中的一個場景一樣，腦海中自然會浮現清晰的影像，而不感興趣的事怎麼也記不住。我想大家都有這種經驗吧。

所以如果你希望下屬學會工作，最好要讓他感興趣、覺得快樂，這麼一來下屬也會很快地學會工作。不過雖然可以比較快學會，但並不表示會一一記住不忘。有時雖說「這之前不是教過？」還是難免會忘。所以分派下屬工作時，必須以難免有一些會忘為前提。

那位跟我說學習計畫的同學，好像因為發現自己會忘記單字而受到打擊，後來變得討厭學習。這麼一來學習的態度就會變成「沒辦法」，也就是變得被動。這種狀況下「記憶力先生／小姐」是不會努力工作的。

連自己的記憶力都好像另一個人一樣，必須替他準備好一個「可以快樂工作」的環境，他才會發揮功能。而要讓其他人學會工作，「可以快樂工作」的環境當然就更為重要了。

所以要讓下屬學會工作，主管就要小心，少用可能影響下屬幹勁的「告訴他答案的教法」。

五、別試圖提升下屬士氣

或許有人以為所謂管理，就是要持續提升下屬士氣。然而主管試圖提升下屬士氣的努力，往往流於失敗。

與其「告訴他答案」，不如強化「學會的快感」來提高下屬的幹勁，這一點也很重要。但又該如何是好呢？

在成吉思汗建立的蒙古帝國中擔任宰相的耶律楚材，曾留下這麼一句話：「興一利不如除一害。」意思就是與其增加一個好的東西，不如先減少一個壞的東西更有效。

「助長」和「培育」很像，但似是而非。

「助長」這個名詞源自以下這個故事。古代有一位農夫嫌自家田裡的秧苗長得太慢，突發奇想，動手把每一棵秧苗拉高一點，還得意洋洋地說「我幫田裡的秧苗長高了！」。結果第二天所有秧苗的根都斷了枯萎了。

主管當中也有人衝勁十足，「只要讓下屬體驗從『做不到』變成『做得到』的瞬間就好是吧？好，我來幫他們一把！」。特別是剛當上主管的「新手主管」很容易犯這種錯，也就是很容易變成「助長」。

主管如果很親切地指示「那樣做就會很順利；這種時候這樣做就好哦」，下屬就會覺得無聊。因為自己創意發想的空間被剝奪了。自己的工作感覺起來不像自己的，有很強烈地「被迫做的感覺」。最後就會變成一個指令一個動作的「被動人才」。

站在主管的立場，可能一開始不過是自我滿足，「啊，我真是一位熱心指導的主管啊」，但因為太過熱心而變成「助長」，最後不知不覺中斬斷了下屬幹勁的「根」。

也就是說，當主管努力想提升下屬士氣時，下屬反而會心灰意冷。

要提升下屬的幹勁，多一事不如少一事更有效。真的是「興一利不如除一害」。

「助長」的那位農夫，如果想讓自己田裡的秧苗長得更好，該怎麼做才好呢？適當施肥，乾涸的日子澆水，連日下雨時做好排水，打造出適合秧苗成長的優良環境，至於成長就交給秧苗自己努力。這應該是最好的辦法了吧。

與其直接提升下屬士氣，不如努力消除影響下屬士氣的要因。這麼一來下屬自然會充滿幹勁。

消除會影響下屬士氣的要因，下屬自然會充滿幹勁。但這又該怎麼做呢？我想不少主管一定有深刻的不信任感，覺得「沒有幹勁的下屬自然會積極工作，難以置信」。然而看看小朋友就知道，人類原本就是熱情積極的結晶。

嬰幼兒會努力學爬，學會後又開始試著站起來，真的站起來後又想學走。仔細想想這真是一件了不起的事。長期臥床的老人家，為了練習走路而站起來時，據說會因為頭部位置變高而覺得恐怖，擔心萬一跌倒撞到頭會不會死？站起來好可怕！一旦出現這種恐懼心理，有時甚至難以展開復健。

但嬰兒可沒有在怕，跌倒就再爬起來，摔倒也還是想學走。不管痛幾次，還是努力挑戰新技能，增加自己會做的事。人類原本就是喜歡把「做不到」變成「做得到」的生物。

然而上小學後，大多數兒童的學習意願就會快速萎縮。「學會」老師教的內容變成理所當然，學不會就被指責，大人們還會拿那些已經學會的小孩來和自己比較。所以學習變得越來越不快樂，最後喪失學習意願。

然而有趣的是，進入社會不會被人拿來比較後，很多人就愛上市民馬拉松或鐵人三項等運動。在學時期因為成績被拿來和同學比較，超討厭運動，一旦不需要和其他人比較後，對於自己的成績一點一滴變好感到喜悅，於是就愛上運動。就像是回到學齡前兒童的學習方式，從「做不到」變成「做得到」，於是就喜歡上原本討厭的運動。

讀書也一樣。也有人說進入社會後讀書變得有趣了。這應該是因為「做不到」變成「做得到」的那一瞬間，讓他充分體會到讀書的妙趣吧。

主管的工作就是要讓下屬工作。要讓下屬工作，就要讓他樂在工作中，積極面對自己的工作。最好的方法就是活用人類天生的特質，也就是喜歡從「做不到」變成「做得到」。可是怎麼做才好呢？

感受「做不到」變成「做得到」的那一瞬間，是學習意願的根本，所以要儘可能地增加這樣的感受，同時也必須儘可能地增加「做得到」的機率。

因此不要給下屬幾乎不可能解決的難題，但也不能給他過於簡單的題目，要給他難度適中的問題，讓他要花一點腦筋才能解決，而且只要努力就能解決。當下屬解決這種問題時，自然可體會到「我做到了！」的快感。

要求一個才開始學爬的幼兒「跑起來！」沒有任何意義。反而會讓他覺得自己不如別人，因為「我做不到」而挫折哭泣，最後喪失學習意願，那就得不償失了。所以設定目標時，最好要一步一步來，讓下屬每次都能體驗到「做不到」變成「做得到」的瞬間。

當幼兒學會爬之後，就會學著抓著東西站起來。學會站起來後，接下來就會試著抓著東西練習走。學會抓著東西走之後，就會試著放開手站立。等到會自己站了之後，就會練習自己走。學會自己走之後，就會開始慢慢學著跑。在學會跑之前，理所當然必須經過這些階段。

育兒時理所當然的事，在面對下屬時也必須小心執行，也就是必須配合成長階段，提供「做不到」的任務。主管必須根據對下屬的了解，配合下屬累積的基礎技術，提供下一階段「做不到」的課題讓下屬挑戰。這也正是主管展現能力的時候。

父母在小孩把「做不到」變成「做得到」的瞬間，每次都會跟小孩一起高興，「哇！你做到了，真棒！」小孩也會因為高興，積極去挑戰下一個「做不到」。父母只要在每次小孩克服課題時感到驚喜，一起高興即可。也正因為父母抱持著「等待」的態度，小孩會努力想讓父母高興。

「守護」可以強化從「做不到」變成「做得到」的那一瞬間的喜悅，可說是最好的香料。

所以當下屬感受到「我做到了」的那一瞬間，身為主管的你要立刻反應，對他說「你終於學會了！」、「你看你不是做到了嗎？」這麼一來，下屬會因為「主管為自己的成長高興」而高興。

所謂守護成長，指的就是這種良性循環。

只要能轉動這種良性循環，在其他地方被認為「沒有幹勁」的人，也可以展現出前所未見的高績效。這可不是在做夢。全球第一快的飛毛腿波爾特（Usain Bolt）幼兒時一定也只會爬。現在看起來步履蹣跚的下屬，今後不知會長成什麼樣子。抱著興奮的期待指導下屬，主管一定也能度過快樂的時光。

我將會在第四章詳細說明逐步提供下屬課題的方法，以及下屬做到時該如何反應回饋。

六、不指示就讓下屬動起來

很多主管認為，快速且接二連三地指示下屬「接下來要這麼做」，才能儘快把工作做完。可是看起來好像可以讓下屬快點做完工作的指示，結果卻成為下屬變得被動，而且沒有你就不行的原因。

不「提升」而要「激發」下屬士氣，有沒有其他方法？

假設你報名了週日木工DIY講座，結果講師一邊說「這裡要這樣做才好哦」，一邊把重要作業全做完了，然後你把做好的椅子帶回家，你對那把椅子會有感情嗎？

如果講師只告訴你怎麼做，完全不出手，全都是你親手鋸、親手釘，就算這把椅子做得有點歪，中間有些狀況，釘子還可能沒釘好，你還是會覺得「這裡做得不錯耶」，對這把椅子特別有感情吧。

給指示這種行為，等於剝奪了對方自己找出答案的喜悅，就和推理小說還沒讀完就有人爆雷犯人是誰，或是電影還沒看就有人告訴你精彩大結局一樣。這麼一來推理小說就變得索然無味，也不會想去看那部電影了吧。

工作其實也一樣，再怎麼辛苦也希望自己找出答案，靠自己的力量完成。可是主管卻老是早一步下指示，提供答案，自己就沒有發揮創意的空間。這麼一來工作這本推理小說、這部原本有趣的電影，自然變得索然無味。

小說中常有這樣的故事：主角雖然當上國王，卻是個沒有實權的傀儡，最後國王不滿於現狀，終於有所行動。

想自己去試試看。想自己積極主動地去做做看。想自己想辦法克服難題。如果把這種慾望稱為「主動感」，那麼人類好像就是追求主動感的生物。

然而如果主管基於為下屬好的想法，怕下屬失敗而早一步鉅細靡遺地指示，下屬「被迫做」的感受會越來越強烈。這種強烈的「被動感」會讓人喪失氣力。就算想發揮巧思，也有一個人會早一步告訴你答案「不是那樣的，要這樣做」，自己的想法做法被禁止，於是就懶得去想，一切變得好無趣。這麼一來，就成就出一位「被動人才」。

所以大家不要給下屬鉅細靡遺的指示。

那該怎麼做才好呢？

「寫電郵給客戶時，這樣寫比較簡單明瞭而且有禮貌哦」。如果像這樣把答案告訴下屬，下屬可能會說「喔，這樣啊」，然後照著指示敲鍵盤，但卻永遠無法記住寫電郵的方法。

就算主管仔細地說明理由，說明為什麼不能那樣寫，下屬也只會回答「哦，原來是這樣啊，我知道了」，可是第二天還是全忘光。

前面也提過只要別人很乾脆地把答案告訴你，你就不會去記，「反正有事再問他就好了，就這樣吧」。人類好像就是這種生物。所以如果一直給下屬鉅細靡遺的指示，那就像是倒水到一個無底洞一樣，下屬永遠不會記住該怎麼工作。

所以教下屬時儘量不要下指示，而是用提問的方式，讓下屬思考該怎麼做才好。

「這篇文章的內容可以這樣解釋，也可以那樣解釋，客戶說不定不知道是哪種意思。怎麼做會比較好？」

「這樣下去我覺得可能會是這種結局耶。那樣的話好像不太好，怎麼辦？」

「這件事到底該從何下手，我還真沒有想法耶。沒辦法，你可不可以先告訴我你有什麼發現？什麼都可以。」

像這樣提問，不要直接說出答案，而是促使下屬去思考答案。就算下屬答非所問，也不要直接否定他「不是這樣……」，而是用「這個想法很有趣！還有其他的嗎？」敦促下屬提出更多意見。

提問形式的優點如下：

①為什麼認為有問題？可以傳達做為問題前提的原因（或資訊）。

②無論如何一定要想出一些答案，因此可以激發下屬的「主動性」。

③用自己的大腦思考，記憶深刻。

自己絞盡腦汁想出的解答，也更能說服自己。如果主管也認可「哇，那真不錯耶！」的話，還會得到我想出了一個相當不錯的點子的感受，因而感受到自我效能。

主管與其告訴下屬「正確解答」，不如提供理由和資訊給下屬並提問，敦促下屬努力思考，讓下屬自己找出答案。這麼一來，下屬應該可以很快記住工作的方法。

第四章以後會提到具體的實踐方法。

第3章

何謂主管的「戰術」？

以上就是主管應有的心理準備。

那麼新手主管應該如何面對下屬呢?本章要利用各種具體案例來思考這個問題的答案。換言之,本章就是要思考何謂主管的戰術。至於傳授工作的方法,我會用自己的失敗經驗談,儘可能地具體說明如何改善才好。

多久才能學會工作?

首先應該給下屬多久的時間學會獨立作業呢?新手主管如果沒有這種時間觀念,可能會陷入大混亂。因為這就像蓋房子前不打地基,結果蓋好的房子傾斜一樣。

新人時期做什麼都是第一次,光要跟上主管或前輩說的話就已經手忙腳亂,耗盡全力。常常自己都還不知道自己學會了什麼,新工作又來了,完全搞不清楚狀況。

從這個角度來看，雖然不同職種狀況不同，但一年這個轉折點還是有特別的存在意義。工作伴隨著不可思議的特性和季節性，一般人大概進公司第二年，才開始有「去年的現在我好像也在做類似的事耶」的既視感。

第二年就可以帶著既視感工作。話雖如此，只做過一次的事還是幾乎記不得。再次去問主管或前輩，然後靠著殘存的印象「對哦，好像是這樣」完成工作。不過畢竟已經做過一次了，可以比第一年更冷靜地邊觀察邊工作。

等到進入第三年，因為已經有兩次經驗，雖然可能還有缺漏，但大致記得內容。因為已經知道工作內容，就不會被眼前的作業追著跑，有餘力去掌握工作的全貌與走向。

在同一家公司工作三年後，雖然還有很多不會的事，但大概已經了解這家公司、這個部門的工作樣貌了。所以大家可以想成新人要能獨當一面，大概要經過三年時間。

這樣的話主管最好也要有花三年時間培育下屬，讓他獨當一面的準備。

當然也有一些活力充沛幹勁十足，想儘快學會工作的下屬。對於這種人，教快一點也無妨。但主管也要小心，不要因為下屬幹勁十足，就期待太高，給他太多工作，讓他過勞了。後面會說明這種時候的因應方法。

現今社會追求「即戰力」。然而要求一個沒經驗的人立刻上手，就像是要求一個從沒彈過鋼琴的人彈出巴哈曲目，或是要求一個棒球門外漢要有一軍球員的表現一樣，根本是緣木求魚。

就算是職棒登錄可稱為即戰力的甲子園優秀選手，也不是人人都能上一軍。大多數人都必須經過相當的磨練才能開花結果。要求新人立刻有老鳥的表現，實在是太天真的想法。

公司必須等待下屬花時間學會工作，等待主管花時間培育下屬。但公司畢竟有養活所有員工的壓力，所以也不能讓員工悠悠哉哉地慢慢成長。可是急著趕鴨子上架反而只能培育出被動人才，這樣的話更沒有餘裕讓員工成長，很明顯地是一個惡性循環。

這就跟前面提及的「揠苗助長」是一樣的道理。

主管就像是故事中的農夫。農夫只要專心整頓好施肥澆水等環境，至於成長就交給秧苗自己。同理可證，主管只能做好心理準備，認清自己的工作就是拚命想出並湊齊下屬最能成長的各種條件。

什麼是教育新人的基本原則「藏・修・息・遊」？

做好心理準備後，又該如何教下屬工作？不懂基本技術就不可能自主工作，所以我要分享傳授技術的基本模式。

針對頻率相對較高的例行公事，我的傳授方法如下：

一、首先要問下屬「這件事你會嗎？」

二、自己做一次給下屬看。

三、讓下屬自己做一次。中途不要插手插嘴。
四、下屬說完成後，再問他「真的沒有遺漏了嗎？」提醒他注意。
五、確認下屬會了之後，就告訴他「你做完再叫我」，然後離開，讓下屬獨自完成剩下的作業。
六、下屬報告「我做完了」後，檢查成果。如果有事前說明不夠充分的地方就老實道歉，請他再做一次。
七、確認沒問題後，傳授作業告一段落。之後每次有同樣工作都讓下屬去做，讓他多做幾次。
八、等到下屬差不多熟悉後，再次檢查是否確實記住步驟、成果物有沒有問題。
九、等到步驟都記牢了，成果也沒有問題時，就進入可以放心交代這項工作給下屬的狀態。

有一句表示學習過程的話，也就是藏・修・息・遊。

光記住都要費盡心力的時期就是「藏」。反覆練習學會的事以求熟練的階段為「修」。結果到達可以下意識地發揮技能，有如呼吸一般自然的程度時就是「息」。最後用已經全上手的技術，好像在玩一樣地迎接新挑戰，這個階段就是「遊」。

工作也一樣，必須按部就班地記住並學會。

前面分享傳授模式中，一～六屬於「藏」，七～八為「修」，九是「息」。之後就可以讓下屬自由自在地「遊」也沒關係。

那麼一開始先讓下屬學什麼工作比較好？要新人學幾個月才會做一次，等到下次要做時大概已全忘光的業務，負擔太重。這樣的工作最好暫時先由資深員工或主管自己處理。至於新人下屬，最好一開始先給他頻率高幾乎每天都會遇到、業務量大但相對單純的工作。這麼一來新人比較容易學會，而且熟悉後也容易加快處理速度。

那種工作說穿了就是按表操課的工作。雖然必須做一次給新人看，但之後他只要看著手冊（或是他自己的筆記），回憶當時別人做的樣子，自己就可以完成。例如會用到一些固定用語，如「歡迎光臨，請問今天要點些什麼？」、「謝謝光臨」的接待來客業務，或是例行公事的接單下單業務等。

主管必須拿出耐心，先讓新人逐一學會這些單純作業，然後慢慢培育成多功能下屬。

確實學會單純作業的教育方法

接下來我們用最簡單的影印文件為例，一起來想一想。

× 一次教太多

先來看看不好的例子。以下括弧中這段話你會想看嗎？

「你去印這本書，從這頁到那頁，這是要發給大家的會議資料。與會人數十八人，再抓一些預備量，總共印二十一份。因為要發給大家，你要印好一點哦。特別是書攤開時中間常常較暗，甚至看不清楚字，所以印的時候一定要確實把書攤開。然後選紙也不要選和書大小差太多的紙。有些人習慣把資料對摺後再看，所以印的時候書的裝訂處要對準紙中央。資料有五頁，你先掃瞄後再一口氣印二十一份。不過萬一有錯就會全錯，所以你先印一份出來確認一下，沒問題再把剩下的全印出來。」

我是一點都不想看這段文字。就算用說的，這麼長的內容一次說完，聽的人大概也不可能全記住吧。

× 自己做太多

雖然是在教新人，結果說的同時主管就把影印機的按鍵操作全部做完了，接著才拍拍下屬肩膀說「好了，你就照著做吧。」這樣下屬根本不知道主管按過哪些按鍵。結果變成「叫我看一次就全記住，別開玩笑了！」

╳ 教太少

「這本書從這頁到這頁，你去幫我印十八份。」

印好後拿給主管。

「搞什麼鬼啊？怎麼字全是斜的？這可是要給客戶的會議資料啊。給我好好印！全部重印！」

如果是要給客戶的資料，你早說嘛！下屬心裡嘀嘀咕咕地，又去印了一次。

「這份資料對摺後，左邊那一頁的字被摺線切成兩半，怎麼看啊？很多人會把資料對摺後再看，你應該細心一點啊。印的時候書的裝訂處要對準紙中央，懂了嗎？唉，印了十八份都不能用，實在有夠浪費。再去重印！」

你為什麼一開始不說清楚？下屬強忍下抱怨，又再去印了一次。

「你印這什麼東西？中間都變黑，字都看不清楚，有些字還扭曲變形。印的時候要把書徹底攤開用力壓住啊，真是浪費，再印一次！」

好不容易終於印好，會議開始後……

「喂，與會人數比預期人數多了兩位。你再去印兩份來。啊？你不知道原稿在哪裡？你怎麼都沒想到出席人數可能會增加？你做事真的很沒有要領耶！」

等等，你根本沒說過幾人出席，而且叫我去印的是你，是你應該叫我多印幾份吧！下屬心裡忿忿平平。下次下屬為了不再被罵，就會問清祖宗八代才要去做事。而且絕對不會多做，徹頭徹尾變成「被動人才」。

○ 只要說句「請你影印」就可以印好的教育方法

接下來要分享具體的改善事例。

一、首先要問「這件事你會嗎？」

首先要問下屬：「我想請你去影印會議資料，你會嗎？」這是為了帶出對方

「發問態度」的提問。

遺憾的是，社會上很多人自我感覺良好，明明不懂卻信心滿滿。如果請這種人影印，他只會輕易答應「交給我吧」，然後交出印得亂七八糟的文件。如果主管擔心而事先細細叮嚀，他又一副「那我早就知道了，你真囉嗦」的嘴臉。

如果先問了剛剛那個問題，他應該會慎重一些，「我當然知道怎麼用影印機，但他為什麼這麼問？是有什麼我不知道的事嗎？可能問清楚比較好……」如此即可帶出他的發問態度：「請問您剛剛說的是什麼意思？」

二、自己做一次給他看。

「那你跟我來吧。」

帶下屬到影印機前，主管親自印一次給他看。

文字要印正，書的裝訂處要對準紙中央，要把書徹底攤開用力壓住，用符合資料大小的影印紙……這些都邊做給他看，邊口頭說明。

三、讓他自己做一次。中途不要插手插嘴。

「那你做一次看看吧。」

讓下屬實際印一次。

告訴下屬「你覺得差不多了，準備按下開始鍵之前，先告訴我」，就後就在旁邊靜靜地看他操作。因為要注意的地方不少，下屬應該無法全部記住，有些遲疑。就算你看到一、兩處做得不對的地方，也不要立刻告訴他。這樣他應該會仔細檢查看看有沒有遺漏。

當他來告訴你「我覺得應該可以了」時，你就可以說「那我們一一來檢查吧」，逐一告訴他要注意的地方，兩個人一起確認。

「字有沒有正？」、「書的裝訂處有沒有對準紙中央？」、「裝訂處……」當他發現自己遺漏的地方，應該會「啊！」一聲然後修正吧。全部檢查過沒有問題後，就讓他印一份出來作為樣本。

「好了，你可以按下開始鍵了。」

四、下屬說完成後，再問他「真的沒有遺漏了嗎？」提醒他注意。

「成果如何呢？」

和下屬一起看看印出來的成品，檢查印得漂不漂亮。

這裡應該會用問答的方式進行。「影印紙大小合宜嗎？」、「內容看起來有沒有歪斜？」、「資料中央有沒有對準影印紙中央？」、「中央部分有沒有扭曲？」如果有遺漏的地方，就再復習一次注意點，請他再印一次。

等到這一連串作業完成，而且沒有問題後，就請他「請你用這個方式影印吧」。

必須印多份文件時，就告訴他操作方法。說明的時候主管不要動手，讓下屬自己按按鍵。因為用自己的手去操作，更容易記住。

五、確認下屬會了之後，就告訴他「你做完再叫我」，然後離開，讓下屬獨自完成剩下的作業。

前面的步驟完成後，接下來就告訴他「那就交給你了」，然後離開現場。

離開的目的，是為了讓下屬不再因為「主管在看」而緊張。如果主管一直站在後面看著下屬做，下屬就會擔心「不知道會不會在哪裡犯錯被主管罵」，很在意主管的視線。甚至因為注意力無法放在眼前作業上，手邊工作變得馬虎，更容易犯錯，也更容易忘記步驟。

可是只要主管離開，下屬就有心思去回想主管的示範，以及自己做的樣子。因為全神貫注在工作上，記憶更深刻，重複幾次後，自然會越來越熟悉，做得更有效率。

六、下屬報告「我做完了」後，檢查成果。如果有事前說明不夠充分的地方就老實道歉，請他再做一次。

印好後仔細檢查成果是否沒有問題。

如果沒問題，就告訴他「這樣就可以了，謝謝」。告訴下屬「你把工作做得很好」很重要，下屬很在意主管怎麼看自己，所以當你覺得下屬做得很好時，不要吝於告訴他，如此也可以提升下屬的幹勁。

如果發現自己忘了提醒的地方，就老實道歉「對不起，這裡我應該先提醒你的，我忘了說」，然後必須再重新走一遍（二）「自己做一次給他看」的流程。這麼一來，下屬也會因為主管也會犯錯，稍微鬆口氣，反而留下更深刻的印象。

七、確認沒問題後，傳授作業告一段落。之後每次有同樣工作，都讓下屬去做，讓他多做幾次。

另一個會議需要影印資料時，就請下屬去做「可以麻煩你印明天的開會資料嗎？」當下屬問：「要印幾份呢？」時，就告訴他「預計有十八人參加，不過有時候也會有人不請自來耶」，然後問他「怎麼辦才好呢？」

「不然我多印三份？」

「萬一用不到又很可惜啊！」

「還是開會前我再確認一次人數，補印不夠的份數？」

「你真貼心。你這麼做讓我鬆了一口氣。」當下屬提出提議時，要直率地感謝他。

八、等到下屬差不多熟悉後，再次檢查是否確實記住步驟、成果物有沒有問題。

讓下屬影印幾次，等他差不多熟悉了，再次檢查成果。

如果還有中央文字扭曲，很難看清等問題時，就再拜託他「不好意思，這裡看不清楚，可以請你再做一次嗎？」如果他記得這一點但卻犯錯了，應該會有以下這種積極反應：「啊！對不起！我立刻重做！」下次他應該就不會再犯同樣錯誤了。

九、等到步驟都記牢了，成果也沒有問題時，就進入可以放心交代這項工作給下屬的狀態。

請下屬影印幾次，確認不交代也不會有任何問題時，之後就可以放心把這項工作交給他。此時可以當成下屬已經學會這項業務。

「可以幫我印這份文件嗎？預定參加人數是二十人。」

「我知道了。」

只要簡單交代，應該就可以順利完成這項業務。

還是別告訴下屬答案比較好

以上是舉影印文件的例子，來說明我的教法。我還想再做一些補充。

當下屬回問「要印幾份？」時先不要說出答案，而是像這樣一邊提供思考的線索，「預計有十八人參加，不過有時候也會有人不請自來耶」，一邊反問他「怎麼辦才好呢？」當下屬回答「不然我多印三份？」時，主管又回答「萬一用不到又很可惜啊！」前面的說明是主管不直接提供答案的做法。

這就是「主管儘量讓下屬思考，不要說出所有的指示（答案）」。目的是為了讓下屬養成思考的習慣，也讓他享受到充分思考的快樂。

主管的確必須給下屬指示，但也要留下一些素材讓下屬自行思考。

當下屬問「要印幾份？」時，不要直接告訴他答案，而是提供「預計有十八人參加，不過有時候也會有人不請自來耶」的資訊，讓下屬思考如何是好。下屬再問「不然我多印三份？」時，也不直接告訴他答案，而提示另一個思考的點

「萬一用不到又很可惜啊」。像這樣儘量提供思考的線索，讓下屬自己去想該怎麼做才好。

最後等他說出關鍵意見，「可以把原稿交給我嗎？我會在開會前再確認一次人數，補印不夠的份數」，主管就一副下屬很貼心的樣子，告訴他「你真貼心。你這麼做讓我鬆了一口氣」。

充分思考後看到主管對自己最後提出的答案感到高興的樣子，下屬也會對於充分思考的行為感到快樂。

等到下屬形成「好，我再想想有沒有更好的點子！」、「我要用我的點子讓主管嚇一跳！」的思考迴路後，下屬就會慢慢養成主動思考的習慣。

自己想自己找答案。就算找到答案，也繼續再找更好的答案。我希望大家在教下屬工作時，能隨時意識並實踐這個方法。

「分解工作」是主管的工作

單純作業可以用前面的方法讓下屬學會，那步驟很多的工作又該如何教呢？頻率很高、必須每天做的業務，很容易實踐反覆「修」的手法，所以相對也比較容易進入「息」的階段。從這個角度來看，影印資料是最單純的工作之一。

相對地，步驟複雜的工作如果用這種方法教，下屬可能很難理解，甚至可能陷入恐慌。

主管是能看清工作全貌的人，所以主管必須把複雜的工作分成幾個部分，設定每個部分的截止日期，再分派給下屬。

新人無法同時學會兩種業務。以開車為例，熟手可以同時做很多事，但剛到駕訓班報到的新手很難一心多用，只能「嗯……上坡起步時……」等，先確實學會一項業務，再去學下一項。所以主管的工作就是把工作分解成幾項業務，讓新手可以按部就班學習。只要學會的業務增加，也可能一口氣同時做兩項業務。但在那之前，主管還是要把工作分解成新人記得住的份量，讓新人逐一學習。

而且每學會一項業務，主管也要慰勞下屬。等到全部作業完成時，也要再次慰勞下屬，「一路走來辛苦了，你終於做到了！」所以主管最好把工作分解成幾項業務，每個業務完成時適度慰勞下屬「辛苦了」，讓下屬體會到自我效能（自己也能做些什麼的感覺）比較好。

此外，不得不交辦完成龐大業務後才能獲得成就感的工作時，下屬會因為一直無法體會到自我效能，覺得做得很痛苦。所以要讓下屬做很難得到結果的刻苦作業（以研究為例，為了找出有用的微生物，可能要從一千個甚至一萬個中去找，光想都覺得累）時，主管就必須花點工夫。

例如，做完一百次後就請吃冰棒等，也就是準備一些小獎勵。下屬只要數一數自己拿到幾根冰棒，也可以有些許成就感。甚至內心還會有點興奮，覺得如果能收集到一百根，實在是很了不起的一件事。

原本不達到目的看不到終點的業務，也因此可以分成幾個步驟，看得出自己已經完成多少而變得有趣。所以希望所有主管都能比照辦理，花點工夫巧思，儘量增加下屬體會到自我效能和成就感的機會，激勵士氣。

以「來回運動」學會如何寫電郵

那麼實際上該怎麼做，才能讓下屬記住步驟繁複的工作呢？

寫信、電郵、和顧客面對面交談等，凡是有對手的工作就必須注重機動性。而且如果對手是客戶，更不允許失敗。一下子就叫新人全權負責這種工作，壓力太大。因為下屬必須同時做到理解工作、忖度對方的狀況，以及隨機應變這三點。

這不是一朝一夕可學會的工作，必須讓下屬多多歷練，學會抓重點。

太急著讓下屬獨當一面，可能會以慘敗作收。結果為了不造成客戶困擾，主管只能把工作攬過來自己做，「算了，我自己來！」可是一旦中途工作被主管搶走，下屬一下子就會灰心喪氣失去自信，「我可能不適合這份工作吧……」。為了不讓下屬喪失自信，而且又不犯大錯，該如何交辦工作呢？大家一起來想一想吧。

心理準備

從事有對手的工作應有的心理準備，就是「先做做看，站在對方的立場想」的來回運動。

寫電郵給客戶時，你通常會怎麼做？先寫出來，然後站在客戶立場讀這封電郵。如果有難以理解、模糊不清可做多種解釋、沒禮貌的部分，就重寫。寫完後再站在客戶立場讀讀看。在自己腦海中做這項來回運動，最後完成這封電郵。我想大家應該都這麼做。

原則就是這樣。可是又該如何教下屬呢？下面用寫電郵為例，一起來想一想。首先說明不好的教法。

× 完全不讓下屬自己想

讓下屬試著寫封電郵給客戶，結果拿來一看實在慘不忍睹，不禁想自己重寫比較快。

「接下來你就照我說的打。開始了。○○先生／小姐　平素承蒙關照……」好像在口述筆記一樣，整篇文章都自己說，下屬只負責打字。

「好了，這樣就可以了，寄出吧。」結束。

這麼一來下屬就像個打字機器人，只是輸入你口述的筆記，完全沒學到如何寫一封電郵。不論做幾次，都只照著你說的內容輸入，根本學不到寫電郵給客戶的訣竅。

○ 改善例

首先大致說明概要，然後讓下屬寫電郵。

「你來寫一封電郵，問客戶〇號可以去拜訪嗎？」

「四、五分鐘後拿來給我看。」

還是要給下屬時間限制。因為有些人可能不知該從何下手，腦中一片空白，結果不管過多久還是寫不出來。時間限制可以參考自己第一次寫這種文章時所花的時間設定。

下屬寫出來的內容如果有很難懂、容易讓人誤解、沒禮貌等問題時，主管心中應該暗自高興，「這樣教起來才有勁！以後等他能獨當一面時，這就是調侃他的好題材！」我之所以叫主管「先高興」是有原因的。

如果主管一下子就上火，「這什麼爛文章！」下屬會感受到你的情緒而退縮。這樣的話文章根本無法進步，因為他的注意力很自然地會被主管的怒氣左右，無法專注在電郵文章上。心裡想著「這是以後調侃他的好題材！」在心裡偷笑，至少不會讓下屬因害怕而退縮。

用高興的心情和下屬一起看電郵，逐一具體找出問題點，用問答的形式讓下屬思考如何是好。主管不要馬上說出答案，儘量讓下屬去思考回答。充分刺激下屬大腦，有助於他日後的成長。

「好了。那我們站在客戶立場來看一下這封信吧。上面寫著九點，是上午還是晚上？」**（為了讓下屬容易回答，可以用二選一的方式提問）**

「當然是上午啊……」

「一般人會認為是上午，但也不是說絕對不可能是晚上。還是不要寫得模稜兩可比較好吧！」**（提供思考素材，但讓下屬自己回答該怎麼辦）**

「那我加上上午吧？」

「好啊。」**（同意）**

「寫要『去』你公司，如果對象是朋友當然沒問題。不過可以再寫得客氣一點嗎？」**（提供線索）**

「嗯……」

「公司有寫信給客戶的範例集，你去找找看。」**（提供線索）**

也可以讓下屬看自己過去寫過的電郵，或給他商業書信範例集。

「嗯……啊，要寫『拜訪』嗎？」

「對啊，那樣比較好。」**（同意）**

「對了，我們是決定這個時候去，但不知道客戶方不方便啊？」**（提供著眼點並提問）**

「不知道，我還沒問。」

「那我們可不能擅自決定啊，怎麼辦？」**（促進思考）**

「好像問一下客戶是否方便比較好耶。」

「是啊，那你把這句話加進去吧。」

經過一輪修正後，再從頭開始站在客戶立場檢查。有沒有艱深難懂的詞彙？有沒有容易了解但可能被人誤會的用語？有沒有不禮貌的表現？

修正後的文章可能根本看不出原貌了吧。沒問題就可以寄出了。

讓下屬自行思考、回答，第一次很花工夫和時間。主管應該會覺得告訴他答案比較快。

但只要堅持讓下屬自行思考並找出答案，之後主管就會很輕鬆。因為下屬也知道只要反覆「做做看，然後站在對方的立場想一想」的來回運動，就可以確實寫出合格的文章。

第二次請下屬寫同樣的電郵時，應該不會像第一次那麼花時間了。此時主管要不經意地稱贊下屬「哦，你都記得耶！」。反覆「寫寫看，然後站在客戶立場想一想」的過程，讓下屬完成電郵文章。

到了第三次、第四次，需要修改的部分一定少很多。

等到下屬寫出的電郵完全不需要修改時，就好好稱贊他「你寫得很好耶！」

等到連需要隨機應變的案件，下屬都能寫出沒有問題的電郵時，就放手把工作交給他吧，「重要案件今後還是要讓我看過再寄出，其他日常往來的電郵你自己處理就好了，只要ＣＣ給我即可。」

主管願意放手給自己處理了，這就是下屬成長的證明，下屬也會因此充滿自信。為了讓下屬確實累積自信，也要極力避免他對客戶做出不禮貌的行動。因為萬一下屬對客戶做出不禮貌的行動，主管就不得不收回權限，不再讓下屬自己處理。如果這發生在剛開始工作後沒多久，下屬甚至可能因為打擊太大而辭職。所以對手是客戶的工作，必須謹慎地觀察下屬成長的狀況，再交給他處理。

要極力避免下屬對客戶做出不禮貌的行動，重要的是東西交給客戶前，主管一定要檢查。雖說要儘量讓下屬自行思考，自主行動，但那指的是事情還在主管和下屬之間時。面對客戶時，主管還是必須注意只能提出反覆琢磨後的完善方案。

不過反覆琢磨推敲的作業也必須儘量讓下屬自己做。雖說主管要檢查，適時輔助，但下屬自己反覆琢磨推敲後完成，這種實際經驗才有助於下屬形成自信。

商談要先私下角色扮演

接著要看的是和客戶面談的工作。一樣先看有問題的例子。

× 突然全丟給下屬

主管帶著新人一起跑業務，讓新人看一次自己如何待客後，突然說「好了，下一個客戶你自己來吧」，這樣新人一定會茫然不知所措。

結果下屬結結巴巴連話都說不清楚，最後還是要主管來收拾殘局，全部重做。主管交給我，結果我搞砸了又讓主管擦屁股，這種體驗會讓下屬喪失自信，覺得自己不行。

○ 改善例

主管帶著新人一起跑業務，一邊讓新人看自己如何待客，並事先告訴他「以後要由你來介紹新商品，所以仔細觀察我怎麼說吧」。提早告訴下屬有部分工作要交給他，接下來他一定會拚命觀察吧。

等到跑完第一間公司，就在咖啡廳休息一下，同時要下屬「把我當成客戶介

紹看看」。就算下屬介紹得雜亂無章，中途還猶豫「這裡要說什麼啊？」主管也不要插嘴，靜靜聽他介紹就好，

「好了，到此結束。下一間公司我會再做一次給你看，仔細觀察看看你哪裡做得還不夠好。」

在下屬對自己哪裡不行還記憶猶新時，再做給他看，他會有截然不同的觀察。離開客戶公司時，他應該已經在腦中反覆推敲好幾次了吧。

然後再到咖啡廳坐一下，再讓下屬「把我當成客戶介紹看看」。

這次就算還是有說不利索的地方，應該至少可以從頭到尾完整說完。

反覆進行這種私下訓練，也就是所謂的角色扮演後，慢慢地說不利索的部分越來越少，然後就進入進階版，由主管扮演客戶提問，動搖下屬。

這麼做是因為光是「照抄」主管的口條，還無法彈性因應客戶的需求。不光只是模仿主管說話的方法，下屬還必須理解內容才行。

「這和過去的產品有什麼不一樣？」

下屬可能會驚慌失措，又開始語無倫次。

「價格多少？」

「不能算便宜一點嗎？」

「和其他公司產品有什麼差異？」

拋出各種問題給下屬，然後告訴他：「在下一家公司拜訪結束前，你先想想怎麼說客戶比較容易懂。」

如此這般，

一、做給他看。

二、給他時間在腦海中反覆思考。

三、讓他做做看。

先不要讓下屬在客戶面前做，而是私下反覆練習，等到沒什麼大問題之後，再讓他去向客戶說明。此時也要告訴他「真有問題時我會幫你」。

讓下屬知道「主管會幫忙」，是為了讓他不用擔心萬一出狀況時怎麼辦，而且也隱含著真出狀況時，主管會接手話語權，那時你也不要太吃驚的訊息。

四、等下屬會說明後，主管也要鄭重稱讚他，「以第一次做的人來說，你說明得不錯。以後希望你花點工夫，看能不能說得更好」，督促下屬繼續努力。

主管也要告訴下屬，營業話術除了簡單明瞭的邏輯外，肢體語言形成的氣氛以及聲調的抑揚頓挫等，也都會影響聽者。對付認真的客戶和喜歡給業務員出難題的客戶，當然必須隨機應變。拜訪比較難搞的客戶時，主管也可以自己再做一次，讓下屬觀察見人說人話、見鬼說鬼話的技巧。

觀察↓私下練習，其實就是這一連串過程的反覆操作。

讓下屬實際在客戶面前說明也要分階段進行，由【一開始只負責說明商品】↓【接著連問答也交給下屬】↓【最後包含收尾在內都由下屬全權處理】，慢慢增加難度，讓下屬按部就班地挑戰。

這種「做給他看↓私下練習」的方法，應用範圍很廣。電話約訪、咖啡廳和餐廳結帳和點餐、接待客戶、業務工作等等，都可以用這種方法來培育下屬。

別告訴下屬工作祕訣

在前面的教法中，大家應該看得出來因為「先做給下屬看」了，自己做事的祕訣自然也很容易傳達給下屬。

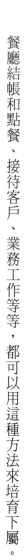

不過工作祕訣最好不要詳細教給下屬。我補充說明如下：

大家最好不要以為自己學到的祕訣，可以全教給下屬。從出生開始下屬和你就是不同的兩個人，背景經歷完全不同，就算看到一樣的東西，感受也不相同。都會區女性看到鴨子可能覺得「哇，好可愛」，但農村老伯伯可能只會覺得「哦，看起來好好吃」。就算看到同樣的東西也有不同的感受，所以努力想把自己的祕訣教給下屬，聽在下屬耳朵裡可能又有不同的想法。

真想把祕訣傳授給下屬時，與其用說的，不如讓他自己親身體驗。而且與其快點教他祕訣，不如讓他多經歷一些失敗，親身體驗祕訣為什麼有效、為什麼有資格被稱為祕訣。

例如我的工作有一項分析蔬菜成分的業務。我問學生「該怎麼做才好？」結果不出意料地得到「用果汁機打碎」的回答。我在心裡得意地笑，故意讓他們去執行，「好吧，既然你這麼說就去做吧。」學生大概發現我的樣子有些奇怪，但又想不出其他方法，只好先做再說。學生做了才發現蔬菜被攪碎後，纖維會吸收全部汁液，根本無法取出分析所需的液體。

「這樣無法取出液體分析耶，怎麼辦？」

「用紗布或濾紙過濾看看？」

「好點子，那你試試吧！」

下一個問題出現了。蔬菜纖維黏在果汁機裡，很難把果汁機弄乾淨。用水沖當然可以沖得很乾淨，但殘留的水分會稀釋下一批蔬菜樣本的汁液，改變成分濃度。

「哇，真頭痛。怎麼辦才好？」

「我把果汁機烘乾。」

因為必須等果汁機乾燥，所以要等幾十分鐘後，才能著手製作下一批樣本，而樣本有數十個。這麼一來一天內根本無法完成分析。

「這樣下去今天應該做不完了，怎麼辦才好？」

「看樣子必須準備許多果汁機的杯子才行耶……」

有了這些失敗經驗，學生們就知道必須準備紗布來擰出攪碎的蔬菜樣本汁液，也知道必須多買一些果汁機的杯子，才能不影響分析進度。

不知道做事祕訣，想到什麼就去做，結果遇上一堆麻煩。有了這種體驗，一旦知道做事祕訣就會受到很大的衝擊，記憶也會更深刻。但沒有失敗體驗時就教他祕訣，他不會知道祕訣的可貴。因為不覺得可貴，一下就忘光了，可能再次重蹈覆轍。

為了確實體會祕訣，留些讓下屬犯錯的空間，更容易培育出好下屬。完全不讓下屬有犯錯的機會，一開始就想讓他成功，他的將來反而堪憂。

另外，我雖然會留些空間讓學生「犯錯」，但如果一直如此也會影響工作進度，所以我也會努力在「思考實驗」中讓學生體驗「失敗」。

「蔬菜的成分分析，如果是你會怎麼做？」「我會用果汁機把蔬菜打碎。」「好了。打碎後發現汁液全被蔬菜纖維吸收，只能取出幾滴作為樣本。可是分析至少需要五毫升，怎麼辦？」「過濾……就好了吧？」「哦，這個點子不錯耶。好，我拿出濾紙來過濾。啊！嚇我一跳！汁液全含在濾紙中，一滴都沒往下滴！怎麼辦？」「咦？那……用擰的？」「嗯，好點子。你想怎麼擰？」「用網子或布之類的東西。」「對哦，紗布就是用來做這種事的，那就用紗布擰吧。」

研究時有說明實驗步驟的手冊（實驗計畫）。可是如果直接把手冊交給學生，學生不會去思考。不思考的話就算讀錯手冊意思操作錯誤，學生也完全不會發現。所以我會加入上述「思考實驗」，讓學生發現所有業務背後，其實都有有憑有據的「祕訣」。

只要不出大事，我會儘量讓學生在實驗時體驗失敗，促使他們深入思考。這麼做的結果可以加速下屬確實成長。

長達數月、數年的長期工作傳授方法

接下來，長達數月或數年的長期工作又該怎麼教？

工作其實有「套路」。即使是相對長期的專案，擬定企畫案、內容具體化、作業流程的日程安排、業務執行、進度檢查也都有「套路」。

話雖如此，就算口頭對新人說明長期工作的「套路」，新人也記不住。不讓他從頭到尾經歷一次，他無法想像全貌。所以要傳授長期工作的「套路」，就必須讓他累積這類專案的經驗。

× 突然全丟給下屬的例子

「好了，你自己擬份企畫案來看看。」

真是亂來。不論叫新人讀多少本如何寫企畫案的書和參考書，他還是丈二金剛摸不著頭腦，不知該從哪裡下手、如何企畫，最後應該會瘋掉。

讓下屬親身經歷的意義

像專案這種周期長的工作，再怎麼教，新人也只會覺得主管的話很抽象。不讓他從頭到尾經歷一遍，新人很難切實感受到「套路」的存在。

○ 改善例

首先讓下屬跟著主管，從頭到尾一起看主管正在進行的專案。然後三不五時在關鍵點提問，「如果是你會怎麼做？」讓下屬習慣反覆進行「如果是我的話……」的思考實驗。

例如，「最近有這種流行，所以剛才我就利用這種流行做了簡報。如果你和我一樣接觸到相同資訊，你會怎麼想？」

自己參考的資訊、根據該資訊企畫的流程、為什麼覺得那樣做很有趣，把理由告訴下屬，讓下屬去體驗當他接觸到這些素材時「自己會怎麼做？」，這麼一來應該可以讓下屬習慣企畫的思考流程。

擬定企畫案時，如果不能掌握業界整體動向、最近的流行，就無法為企畫增添新意，而這一點正是商業基本原則。這對新人來說很困難，因為他們不知道「過去」發生過什麼事，當然無從判斷什麼才是「新的」。就算是很常見的舊資訊，新人也是第一次聽說，在他眼裡看來就是新的。新人不具備業界知識，想到什麼常常也是「那已經有人做過了」。

所以主管必須不斷地反覆告訴下屬，「想到什麼立刻拿筆記下來，然後去調查業界是否已經有相同的東西。只要確認還沒有其他人做過，接下來就要調查實現可能性、有哪些必要資金和條件。儘量去找出沒人做過、實現可能性高的案件」。

讓下屬近身觀察主管擬定企畫，推動專案進行的樣子，讓他抱著有一天換我來做的意識，親自體會工作流程。

此時主管三不五時要提問「你知道為什麼要這樣做嗎？」讓下屬提出「是因為這樣嗎？」的假設。然後再用「你為什麼這麼想？」或「哦，那是什麼意思？」、「如果真像你說的，你應該有預測到結果吧？」等問題，動搖下屬，訓練他提升假設精確度。

養成建立「假設」的習慣後，更容易深入理解。因為要建立假設，就必須說明如此假設的理由。

為了說明理由，就必須先了解業界狀況和工作流程，必須學習，必須調查。假設性思考極適合用來養成綜合考量事物，以及自行學習的習慣。

例如開發新商品時，下屬建立「開發口感前所未見的巧克力」的假設，主管就要問他「咦，你為什麼有這種點子？」發生問題時下屬提出「原因可能在這裡」的假設時，主管也要問他原因「嗯，你為什麼這麼想？」

讓下屬說明理由，也可以鍛鍊他的說明能力。從頭到尾聽一遍後，先表達自己對假設感興趣，「原來如此，你思考的點很有趣耶」，然後再加上新的資訊動搖下屬的想法，「如果新增這個條件，這個假設還成立嗎？」動搖下屬的想法，敦促他提出新的假設。

像這樣樂在「建立假設的遊戲」中，多次操作後就可以跳脫一般人根深蒂固的「背正確答案，毫不懷疑」的習慣。

讓下屬反覆進行「假設性思考」，從某個角度來看，可以讓下屬有自己成立專案的「新體驗」，讓他體驗到為什麼會想到這種企畫、有什麼困難，有換個角度體驗「如果自己站在主管的立場……」的效果。

●用蘇格拉底產婆法讓下屬學會假設性思考

要讓下屬真的養成「假設性思考」習慣，有一些小訣竅。只是叫下屬「要用假設性思考！」他大概也毫無頭緒，而且被人命令去做，一點兒也不好玩。

我認為要讓下屬養成假設性思考習慣，最好的方法就是產婆法（蘇格拉底教學法）。我希望大家務必學會這種方法。

產婆法據說是著名哲學大師蘇格拉底的拿手絕活。由名稱可知，這種方法原本指的是協助孕婦生產的助產士技術，但蘇格拉底卻把它表現為「幫助別人產生他們自己的知識（嬰兒）的技術」。

說到底蘇格拉底為什麼成為留名青史的名人，應該很少人能完整說明。倫理政治經濟的教科書中提到「無知的智慧」等，說「我自知一無所知」，我看了只覺得「那又怎樣」。

我認為蘇格拉底之所以能留名青史，真正的原因應該是他擅長「讓無知的人們交談，產生新知」的產婆法吧。

蘇格拉底很受年輕人歡迎。他和年輕人交談時，並不是倚老賣老地向年輕人說教，而是很感興趣地聽著年輕人的話。「喔，那很有趣耶。」、「嗯，那是為什麼呢？」被蘇格拉底這麼一問，年輕人拚命絞盡腦汁找答案，「是不是因為這樣……」然後蘇格拉底又會加入新資訊再次提問，「原來如此，聽你說明我突然想到，也有人這樣說。如果把兩者放在一起考慮，會變成什麼樣啊？」於是年輕人把新資訊納入考量，又提出新的假設。「如果也有那樣的事，或許這麼想比較好耶。」、「哦，那很有趣耶！」

年輕人好像也發現和蘇格拉底交談時，不同於以往，自己的思考會越來越深入，因而大受知性刺激。對年輕人來說，應該是快樂得不得了吧。

只要反覆「針對對方的回答，再加入新資訊，再次提問」即可。對方自然被迫要再提出一個和新資訊不矛盾的新假設。

「如果有那種事，這麼想比較好吧？」反覆提問刺激大腦，思考因此越來越深入，甚至發展成一開始根本沒想到過的內容。《美諾篇》（*Meno*, 柏拉圖著）這本書中有一個發人深省的場景，也就是沒有數學素養的蘇格拉底提問，然後沒有數字觀念的佣人回答，多次來回後發現圖形新定理。可見得產婆法是由「一無所知」孕育出「知」的方法。

我自己也有一個體驗。

「要增加務農的人，該如何是好呢？女性又不願意嫁給農民。為什麼女性不喜歡農業啊？」→「沒地方上廁所啊！男生可以在路邊解決，女生不行啊！」→「那在田裡裝個流動廁所就好了吧！」→「才不要。我也沒用過流動廁所。」→「咦？為什麼？」→「一開門就是外面啊，偶爾會有裙子沒拉下來，內褲跑出來的糗事。所以不在廁間前區用鏡子確認好服裝儀容，我才不敢出去。」

交談的結果孕育出「田園女廁！」的企畫，向各機關推廣後，促成農林水產省推出「農業女子專案」，研發有前區的流動女廁，這可是前所未有的構想。所以產婆法是催生新點子很有效的方法。

做一遍讓下屬看，再反覆促進二、三個假設性思考，下屬的假設精確度也會大幅提升。而且能有憑有據地說明為什麼建立那種假設，也可以在理解工作整體流程後建立假設。

只要三年，下屬應該就可以經由「假設性思考」帶來的新體驗效果，大致掌握自己成立專案所需的「套路」。

培育自行思考的下屬時，產婆法極有效，所以希望大家從第一年就開始不斷地實踐。

治療「自己來比較快」的毛病

用心培育下屬的結果，主管雖然可以變得輕鬆，但真的很花時間，說不定有人在過程中可能會焦躁不安甚至不耐煩，或許也有人對下屬的處理能力不足感到不滿。「我在他那個年紀時，一天可以做更多事」、「與其交給下屬，不如自己做比較快」。

事實上能力高強的基層員工升任主管時，常常會因下屬動作慢而火大。有時還會因為自己做比較快的想法，收回下屬的工作，自己全部做完。可是這樣做下屬會覺得「反正我就是沒用」而氣餒，等於主管親手摘掉下屬成長的嫩芽。

育兒時如果因為「自己做比較快」的想法，不讓小孩做任何事，會有什麼結果？

不過是摺個衣服，「與其交給你這個小鬼邊摺邊玩，不如我自己做比較快！」、「切個高麗菜還要幾十分鐘，我自己來比較快！」我想這樣只會養出什麼都不會的無能小孩，看了就讓人覺得悲哀。養育小孩時的常識，只不過把場景換到職場就覺得無法忍耐，這正是因為主管的「培育」意識不足。

主管的工作也包含培育出能獨當一面的下屬。僅僅因為下屬動作比自己當基層員工時慢，就不讓他做，就等於是責備未來可能成為飛毛腿波爾特二世的小孩「你怎麼還只會爬啊！」一樣。

身為主管一定要避免過於急躁。

不需要「把小獅推下山崖」的獅子

交辦工作必須漸進式地增加難度。我要再補充說明一下。

從事要會應變的工作，必須先具備基礎技能。我們很少搗麻糬，但過年卻能依樣畫葫蘆地搗麻糬，是因為平常生活中我們學習了各式各樣的技能，如揮球棒、拿蒼蠅拍打蒼蠅等。沒有任何基礎技術，突然叫人做從來沒做過的動作，他不可能做好。所以主管必須分辨下屬是否已學會基礎技能，然後漸進式地把需要應變力的工作交給下屬。

等到會做一件事，要再讓下屬挑戰下一件事時，也要謹慎以對。原本是為了讓下屬成長而讓他做下一件工作，但如果方法不對，反而可能毀了下屬。讓還沒有腕力的小孩勉強去爬雲梯，小孩會嚇到，以後反而再也不敢接近雲梯了吧。

讓下屬成長、累積成功體驗，必須按部就班地進行。必須先讓下屬累積基礎技能，等到他確實有能力時，再讓他前進到下一階段。可是我卻常看到一些不按部就班來，雜亂無章地交辦工作，最後毀了下屬未來的案例。

要讓下屬順利成長，主管必須適度讓下屬累積成功體驗。所謂成功體驗，指的就是確實完成交辦工作的實績。因為確實完成工作的實績可為下屬帶來自信，孕育出對工作的喜愛，激發幹勁。

而要讓下屬適度累積成功體驗，就要在下屬完成幾項前一階段的工作，技能在身時，適時交辦「只要再多努力一下，就可以到達下一階段」的工作。

例如交給下屬說明新商品的工作時，第一階段就是能不能不支支吾吾地完成說明吧。完成這一階段後，就進入為了回答客戶提問，要深入理解商品，事先針對客戶可能的提問進行演練的階段。等到不論客戶問什麼，都回答得出來時，下一階段就是能說明其他商品……。

如此一一加深對商品的理解，理解公司所有產品，最後可以回答客戶的任何問題。

一開始就要求下屬能說明所有商品是強人所難。不過由主要商品開始，然後以此經驗為基礎，逐一理解其他商品，用這樣的順序進行，應該就可以順利進入下一階段。

要讓下屬嘗試下一階段的工作時，最好不要一開始就讓他自己一個人做。因為這是他第一次接觸下一階段的工作，無法保證他能做得好。

交辦工作時告訴他「如果有決定性錯誤時我會協助，否則我只會從旁守護，你自己做做看」。主管在旁邊看著，下屬也會因緊張而容易犯錯。如果因此嚴厲斥責他「不是這樣做！」下屬會更緊張，腦袋一片空白，犯下更多低階錯誤。

所以雖說從旁守護，主管最好手邊也在做自己的工作，偶爾偷看一下下屬狀況即可。

就算發現下屬要犯錯了，也不要立刻嚴厲斥責他，最好用行有餘力的態度，笑著問他「嗯？這樣好嗎？」給下屬自行思考找出錯誤的機會。而且也要給下屬時間去找。

就算下屬主動求救「啊，我是不是錯了？」也不要立刻說出答案，可以告訴他「嗯，你覺得呢？」敦促他去思考。看著下屬努力回想過去學到的東西，等待他的反應。「啊，我錯了。是不是這樣！」「哦，對對，你想起來了！那就做做看吧。」

主管如果採取寬容的態度，下屬也會放心持續挑戰。

只要做一次讓下屬看，下屬就可以靠著反覆回味記憶試著做做看。根據到目前為止從工作中學會的技能和經驗，只要稍微勉強一下自己就可以完成，所以只要小心注意就很容易成功。

當下屬成功後，主管只要留下這句話，「做得好。那我回去做自己的事了，有什麼問題再叫我。」就可以離開，讓下屬真正自己一個人做。一個人的時候更能冷靜下來，在腦中回想作業內容，完成工作。

我把成功體驗的累積方法彙整如下：

一、反覆讓下屬做前一階段的工作，奠定充分的基礎能力。

二、等到認為下屬已具備前進下一階段的技能，就讓他「稍微勉強一下」挑戰下一階段的業務。

三、主管先做一次下一階段的業務。

四、主管從旁守護，讓下屬做一次。主管儘量不要插手，也不要一直死盯著下屬，邊做自己的事邊守護下屬。

五、建立隨時都可以和主管討論的狀態，讓下屬自己一個人做。

只要按部就班地執行上述步驟，之後下屬就可以自己一個人做了。

有一個有關獅子的古老傳說。據說為了鍛鍊小獅，獅子會把小獅推下山崖。

這當然不是事實，根本是胡說八道。如果要這麼做，我會說先培養可攀登高山峻嶺的體力後再來。

可能有人會覺得「稍微勉強一下」的做法讓人心急如焚。可是欲速則不達，用長遠的眼光來看，這種做法才能讓下屬快速成長。

重點就在於不要一開始就讓下屬做他根本做不到的事。因為反覆體驗到稍微勉強一下就可以達標的成就感，這樣的人才會有越來越強烈的成長需求。幹勁完全不同，成長自然加速。

嬰兒從爬開始到會走，在極短的時間內完成許多困難的挑戰。按部就班地累積實力，「稍微勉強一下」的連續，可以成就讓人覺得並不連續的飛躍性成長。

其實大人的成長也一樣。逐一達成連續的小成長，最後就能讓人看到好像不連續的飛躍性成長。正因為有連續的小成長，才能成就不連續的大幅成長。

我認為主管只要期待下屬的這種成長就好了。

第 4 章

新人報到第一天到第三年的培育方法

上一章談的是和下屬相處時的戰術。本章要談的則是戰略，用時間軸來看各個戰術時，該如何陸續執行，以及如何運用。

第一個月不是「學會」而是「習慣」

新人一點兒都不了解公司情況，甚至不知道該做什麼才好。主管看得到的事，下屬看不到。就算看了也不知「重點」在哪裡，即使看同一件事也有看沒有到。

主管在指導下屬前，要先有這樣的認知。說不定把新人到職的第一個月當成「適應職場生活的時間，轉瞬即逝」比較好。不然就會發生下屬覺得自己學不會工作、對公司沒有愛，想趕快辭職的問題。

第一個月教的事，新人幾乎都記不住。就算跟下屬說「上週去拜訪的A公司……」，下屬也只會有「啊？你是說哪家？」的反應。

身為主管的你腦海中已有許多輔助資訊，如A公司是纖維業老店、櫃台有溫柔的女性接待人員、熟識的客戶在三樓、他家公司的廁所永遠很乾淨……等，所以記得起來。但下屬因為緊張腦中一片空白，完全不知道你說的是哪家公司。

所謂的知識就是「知和知的織品」。光只有一個A公司的公司名，只是一個「孤立的知識」，所以記不住。主管最好知道這樣的知識幾乎不會留在記憶中，不要有所期待比較好。頂多為了幫助下屬記憶，補充一些特徵給他。「這家公司沒有手扶梯喔」、「這裡用的是真正的大理石」、「這家公司的櫃台總是笑容滿面地對來客打招呼」。把每家公司的特徵告訴下屬，他會比較容易想起來，「啊啊，你說的是那家公司吧」。

第一個月工作教歸教，但請當成是協助下屬「適應職場生活」的階段，不要因為他記不住而生氣。

主管不用舌燦蓮花

投契關係（Rapport）是心理學術語，指心理諮商師和患者之間「心意相通」「理解對方」。為了之後能順利一起工作，主管和下屬之間在剛見面的階段，最好要建立些許投契關係。如果不能建立投契關係（信賴感、親切感），就可能因為「疑心生暗鬼」，被害者意識作祟，曲解對方的話，「主管一定是心腸很壞才會這麼說」。

一旦未能在這個階段建立投契關係，之後很難挽回，所以主管在一開始和下屬工作時，就必須特別注意這一點。我們用失敗事例一起想一下：

× 空轉白忙一場

剛升任主管可以指揮下屬，真的有點興奮，內心很期待和下屬一起大展身手。

所以新手主管就很熱心地向新人傾訴自己對工作的熱情、今後的夢想等。新人也因為剛進入職場，也處於興奮的階段，很熱心地傾聽。因為下屬反應良好，所以主管說得更投入了。

自己為了學會工作，歷經失敗挫折，走了許多冤枉路。為了讓下屬不重蹈自己的覆轍，比自己更快速成長，所以勤勞地帶下屬跑客戶，一起加班到很晚，下班後還請下屬喝一杯，盡全力地不斷訴說自己對工作的熱情。

不久後下屬的疲累就寫在臉上了。熱血指導下屬，他卻只是敷衍了事，這種情況越來越多。聽到今天也要加班，下屬雖然沒說出口，臉上卻寫著「啊？又要加班？」

身為一個熱情指導的主管，看到下屬這種態度一定很不滿。跟自己相比，下屬的工作明明很少，這樣竟然就累了，實在很丟臉。想當年身邊根本沒有如此親切的前輩，現在自己都做到這種程度了，下屬還不服氣，實在很狂妄。「喂喂，才剛開始你就這樣，接下來怎麼辦？」主管原意是為下屬加油打氣，卻收到敷衍的回答「哦……」，於是主管更不滿了。

下屬也知道主管很不滿，於是更沒有幹勁了，然後主管看了又更不滿。雙方情緒老不在一個水平上，氣氛好像越來越糟了。

建立投契關係

與其主管自己說，不如聽下屬說更為重要。單方面地說，完全看不出下屬真正的想法。然後主管又因為下屬的行動不如己意而越來越火大。這種狀況下當然無法建立「投契關係」（互相信賴）。

建立投契關係「聽」比說更重要。

○改善例

手下開始帶人了，有點興奮。老實說，真的很想讓下屬知道自己的熱情，讓下屬「和我一起努力吧！」。不過此時還是要先忍下這種情緒，先理解下屬。要先建立投契關係。如果覺得下屬沒有在聽你說的話，你的話可能沒有打動他時，可能是因為你們之間還沒有建立投契關係。

那麼新手主管該怎麼做才好？

其實就是「問並聽」下屬的話。之所以要二者並行是有原因的。因為光是跟下屬說「你說吧，我聽你說」，下屬也不知要說什麼。說得不好時說不定還會惹主管生氣．在還摸不清主管喜好前，下屬不敢恣意開口。

而「問並聽」的意思是「邊問邊聽」。「學生時代你做過什麼事？」、「你喜歡什麼？」、「嗯，那時你心裡怎麼想？」、「聽你這麼說我突然想到，其實我有過這種經驗。對於這一點你怎麼想？」、「為什麼會變那樣啊？」、「還有沒有其他發現？」

這些都是常見的5W1H提問形式，也有人說是開放式問題。不同於封閉式問題只能回答Yes／No，開放式問題的答案千百種，容易發展話題。

針對下屬說的內容，身為主管的你只要注意一點即可。也就是要有「你的話十分有趣，我想再多聽一些」的心態。

「嘿～」、「哇！」、「那真是不容易啊！」、「真是好樣兒的，你竟然沒退縮！」、「真是辛苦了……」，對下屬的話表示共鳴與關心。

「學生時代你做過什麼事呢？」

你可能會聽到下屬回答參加體育社團活動、文化同好會、放學後總是直接回家等等。

社團活動中途而廢、一開始就不參加社團，生活圈就是學校家庭二點一線等，聽在積極主動的主管耳朵裡，或許不是什麼好事。即使如此也不要面露不耐，而是要表示理解，「這樣啊，社團也有很多狀況啊」。這麼一來下屬會開始覺得「跟這個人多說一點好像也沒關係吧」。

當下屬開誠佈公地表示「其實還有這樣的事」時，主管要認真聆聽，「這樣啊！真是辛苦你了。」、「你很努力了！」給予正面評價，這麼一來下屬也會覺得「這個人懂我」。

對任何事都抱持興趣，「嘿！」、「這樣啊！」、「真是辛苦了！」、「你為什麼那麼想？」等等，利用驚嘆和提問形式回應，持續表達問並聽的態度，最終可以收到兩個效果。

第一個效果是讓下屬放心，「這個人對我這麼感興趣」、「主管包容我」、「他接受我」。另一個效果則是不說出口，也能讓下屬覺得自己自由發想也無所謂。

這麼一來，慢慢地下屬也會開始想聽聽主管說的話。就算主管說得很少，下屬也會十分熱心地聆聽。

人是不可思議的生物，如果有人仔細聆聽自己的話，自己也會想聽他說的話。只要貫徹「問並聽」的態度，展現出對對方濃厚的興趣，大概就可以順利建立投契關係。

反過來說，如果不能聆聽下屬的話建立投契關係，主管再怎麼說得一頭熱也不過是一場空。越是熱心地問並聽對方的話，對方越是會尊敬你。對對方的話表示共鳴，具有讓對方驚訝「這個人怎麼理解力這麼好？」的效果。

只要能建立投契關係，交辦工作時自然會產生「既然是這個人說的，我就努力看看吧」的基礎情感。沒有投契關係就交辦工作，下屬會做得心不甘情不願。

所以首要關鍵就是要把下屬的心填滿。只要成功建立投契關係，後續指導自然輕鬆。

這種「聽」的會話，也可以利用新人剛分發到自己部門時，一邊向他介紹公司建物，邊走邊進行。或是利用休息時間喝杯咖啡時說也行，甚至是在迎新會上邊喝酒邊說也無妨。當然也可以利用工作空檔聊聊。最好不要在太過正式的場合上說。

等到自己不用主動開口，下屬也會主動打招呼，或是不用想方設法讓下屬開口，他自己也會主動開口時，就可說是順利建立了投契關係。一般大概只需要一至二週時間，就可以建立投契關係。

不過在聽下屬說的時候，有時也會遇到話很多停不下來，無法結束會話的人。此時可以利用時間固定的休息時間聊聊，以便時間到了就可以順勢結束，也可以利用移動中的時間等容易結束會話的場合聊聊。

結束會話時可以拍拍他的肩膀說「好了，回去工作吧！」然後站起來離開，自然地中止會話回到工作。

此外這種閒聊的時候，如果聊太多與工作無關的私事，主管和下屬之間的人際關係可能鬆懈，下屬也可能公私不分破壞職場紀律。所以最好要分清楚「工作的你」和「私下的你」，公歸公，私歸私。

就算已經到了休息時可以開誠佈公閒聊的交情，談工作時還是要認真切換交談模式，「好了，接下來要談的是工作上的事……」。主管周遭的氣氛改變，下屬也更容易切換自己的心情。

別以為下屬有想做的事

身為主管的你還是基層員工時，可能非常積極，充滿熱情，希望主管把所有你想做的工作都交給你。所以你或許就以為下屬和自己一樣，想讓下屬做所有他想做的事。

我曾聽過一個例子。有位主管對大學剛畢業的年輕人說「你想做什麼都行，你就開始做一些事吧！」，連要做什麼事都讓下屬自行決定。結果這位年輕人煩惱不已，最後竟然得了心病。

大多數年輕人都不清楚自己想做什麼，就算在求職面試時說「我想在貴公司做這些事」，大多也只是因為這麼說有利於找工作。新鮮人原本連工作到底要做什麼都還不知道。這也不奇怪，因為他們根本沒有上過班，這也是沒辦法的事。

所以就算重視自主性想把工作交給新人，他們卻不具備自主行動所需的技能，也沒有相關知識。連有趣的工作、無趣的工作都分不清。年輕人要從這種左右不分的狀態開始工作，所以根本不知道什麼工作適合自己。因為本人搞不清楚，所以「你想做什麼都行，你就開始做一些事吧」，被主管這麼一說，新人反而無所適從。

所以「讓他做他自己想做的事」，對還不知道工作是什麼的新人來說，反而是苛刻的要求。這種狀況會持續一段時間。光是讓新人記住基本的工作就要花上三年左右。而且這段期間必須記住的工作，大多是單純單調重複性高的工作。能不厭其煩地完成這種工作，表示已經具備完成某些工作的基礎體力。如果新人在學會這些前就離職，公司就會失去好不容易快要養成的寶貴人才。

所以怎麼做才能讓新人積極去做相對無聊的「記住工作」這項業務？我認為就要靠「工夫」。看起來單純的作業，也有許多可以花工夫的地方。最好能讓下屬感受到發現工夫的快樂。

介紹一個發生在我身邊的有趣事例吧。

那是我父親在塑膠成型工廠打工時的事。工作內容很簡單，就是用手拿起輸送帶送過來的塑膠零件，用鑷子快速地剪下後裝箱。但一個人就要負責一條輸送帶，其實是很辛苦的工作。

旁邊的伯伯哼著歌，一個人負責兩條輸送帶。我父親想他負責的零件一定很簡單。沒想到他們竟然把這麼麻煩的零件丟給還是新人的自己，實在太過分了。所以我父親就要求「我要跟伯伯換輸送帶」，沒想到那位伯伯很乾脆地笑著說「沒問題！」然後就跟我父親換位置了。

結果我父親忙到翻，比原本的輸送帶忙上兩倍不止，甚至必須按下緊急停止按鈕，讓輸送帶停下來才行。父親問那位伯伯，「你怎麼能做得那麼輕鬆啊？」伯伯說，「既然你開口問了，我就教教你吧！」然後就把訣竅教給我父親。

「你慣用右手吧。所以你的做法是用左手拿起產品，然後用拿著鑷子的右手慢慢地把產品翻面，再交給左手拿著，然後用鑷子去剪。其實你可以試著用右手小指勾住產品翻面後，再用左手拿起來。這麼一來原本要拿來拿去三次，就變成兩次就好了。還有你轉向旁邊那條輸送帶時走了三步。雖然有點不自然，但是你可以試著左腳先後退改變身體方向，這樣只要走兩步就好。累積這些工夫後，這一連串的作業就可以省下幾秒鐘的時間。」

我父親聽從伯伯的建議後，作業就變得輕鬆許多了。

看起來單純的作業，也有可以花工夫的地方。花工夫改善，可以讓做事的人有成就感，而且會產生再多花些工夫的意願。

所以身為主管的你也不要斷定「因為是單純作業，大概很無聊吧」，而是要想著「單純作業也有花工夫改善的樂趣」，讓下屬玩個「花工夫改善的遊戲」

吧。

換個角度來說，無論什麼工作都可以當成「花工夫改善的遊戲」，所以不需要強迫自己一定要找出下屬可能喜歡的工作。

不論是影印、泡茶、擦桌子還是打字，都有花工夫的空間。讓下屬去發現什麼地方可以花工夫吧。當下屬覺得例行公事很無聊時，身為主管的你就可以問他「還有沒有什麼可以花工夫的地方？」促使下屬去花工夫。

當下屬發現可以改善業務的工夫時，要立刻表示佩服「這真有趣耶」、「你竟然能發現這一點」，讓下屬覺得花工夫很有趣。這樣他自然會湧現花更多工夫的意願，看起來單純的作業就會變成一連串的發現。這麼一來不論什麼業務，下屬自然都能樂在其中。

就用這種方式讓下屬學習一套工作的基本技術吧。

晨會做什麼更有效？

每天到公司最好開晨會，時間不用很長，十分鐘左右即可。第一天開會可以閒聊，這也正是建立投契關係的大好機會。

第二天以後的晨會，一開始先問問大家前一天的事，「你記得昨天做了什麼嗎？」、「你知道是為什麼嗎？」讓下屬說明。知道每天晨會都會被問之後，下屬自然會養成習慣，做好回答的準備。

接著簡單說明今天的工作。長篇大論沒有用，就用短短幾分鐘來說明吧。然後針對今天的預定工作，問大家「你知道為什麼這麼做嗎？」

「不覺得有問題」的新人，只會覺得「這種工作大概就是這樣」而停止思考。所以突然被主管一問就會慌張失措，然後大概就會用「我不知道，請你告訴我」帶過去。

此時主管就要步步進逼，「你不知道也是應該的，因為你還是新人。沒關係，用猜的也行，你說說看吧」，等待下屬回答。這麼一來下屬就必須要說些什麼才行。就算下屬一個字也說不出來，主管也可以告訴他「那你在做的時候，就想想看為什麼吧」，促使下屬提升對業務的觀察力。

下屬真的亂說時也不要取笑他，用正向的表現如「你的話很有趣耶」接受，然後用「一般大家會認為這項工作是這種意思」的感覺，提供今天要做的業務的周邊資訊，再問下屬「如果是這樣的話，今天作業的意義是？」下屬回答錯誤也無妨，目的是要利用晨會的時間，養成大家建立「是不是這樣？」的假設後說明的習慣。

不可思議的是建立假設後，大家的洞察力都會變好。

等到大家習慣這麼做了，連簡單說明的步驟都可以省略，還可以直接套下屬的話「今天你想做什麼？」，反覆這種操作之後，下屬慢慢就可以根據過去的作業類推，預測接下來的工作，養成假設性思考的習慣。

很多主管一人要帶多位下屬。此時最好和每位下屬簡單開個會，一週一次也行。重點就是要讓下屬感受到主管有認真在觀察自己。

等到下屬已經記住今天的工作安排時，就在結束會議時給大家一點激勵，「好了，那大家就分頭進行吧。有不懂或不放心的事都可以來問我」，開始一天的工作。

然後就可以實踐第三章傳授的指導方法，讓下屬學會各種業務。

最好在新人時期養成的習慣

有發現時立刻記筆記。應該讓新人在一開始就養成這個習慣。

我喜歡用口袋大小的小記事本，放在胸口的口袋中。只要一有任何發現，我就會按時間順序記在記事本中。

有趣的是就算我忘了自己寫了什麼，但會記得「我有寫下一些東西」。這是我從國中三年級開始就有的習慣。現在回想起來，可能正因為持續記筆記，理解力不好的我才能把事物梳理清楚並理解。

很多人會猶豫，不知該記什麼好，其實筆記這種東西想記什麼就記什麼。「今天躁動難安」、「今天早上不知為何，心情很沉重」，記什麼都行。把自己的發現記下來就叫做筆記。

你甚至可以跟下屬說，要成為筆記狂。

不記筆記卻要回想起一年前的工作，幾乎是不可能的事。早就忘光光了。記筆記可說是工作時不可或缺的習慣。

要讓下屬養成記筆記的習慣，可以在同行時請下屬「幫我記一下這個」。然後在下班前或第二天晨會時，「對了，之前我請你幫我記個東西，是什麼啊？」再敦促下屬去確認筆記。這麼一來下屬自然可以養成記筆記的習慣。

● 休息時間該跟下屬說什麼？

或許也有人很困擾，不知什麼時候該讓下屬去休息。休息時間當然要看工作內容而定，至少午餐時的午休、下午三點左右的下午茶時間可以讓下屬休息一下。勞動基準法規定工作超過八小時，必須給勞工一小時以上的休息時間。編注除此之外，人當然需要上廁所。主管熱心指導時，除非很急，否則下屬大概不好意思說「我想去上廁所」。而且主管因為太熱衷指導，一不小心很容易忘了大家要上廁所這回事，這一點主管也必須小心。

所以在下屬報到的第一天，主管可以告訴下屬休息的原則。例如「中午十二點～十三點有一小時的午休時間，另外下午三點可以休息十五分鐘左右。在上述休息時間內，大家可以自由地去喝杯茶，看看雜誌，休息一下，不用向我報告。如果我太熱衷說明，忘了給大家上廁所的時間，也請大家主動告訴我『請讓我去上個廁所』，不用不好意思。」

什麼事情都要人教的新人，緊張程度可能超乎主管想像。在神經緊繃的狀態下聽人說明一小時以上，實在很累。主管可以看看大家的狀況，在覺得大家快要喪失注意力時，讓大家「休息一下吧」，適時讓大家去喝杯茶放鬆一下。

指導新人時每次一小時左右，最長二小時左右就要讓大家休息一下。「接下來休息十分鐘，大家可以去喝杯茶、咖啡或自己喜歡的飲料，適度放鬆一下。」公司最好也要準備好茶和咖啡等，方便下屬自行取用。下屬如果有自己的座位，可以回座位休息，如果沒有，主管就要告訴下屬可以去哪裡休息。休息時主管也可以和下屬閒聊，但對新人來說，一直和主管講話根本無法放鬆。所以至少一天要留一次休息時間，讓下屬可以獨處。

休息時間的會話也是好機會，讓雙方能稍微跳脫主管與下屬的身分交談。工作時看著下屬的表情，有時會覺得他看起來好像不太服氣，或是好像有些迷惘。此時可以適時中斷，跟下屬說「休息一下吧」，然後一起去喝杯咖啡，用閒聊提問的方式「剛剛你在想什麼？」確認他的想法。只要聽的時候用「哦」、「嗯」、「啊，原來是這樣啊！」、「什麼意思？」來表現自己也感興趣，就可

編注：中華民國勞動基準法則是有第三十五條「勞工繼續工作四小時，至少應有三十分鐘之休息。」相關規定。

以引導下屬開口說出自己的各種想法。

這種休息時間的會話最好也讓下屬講，主管則扮演聆聽的角色，這樣更有趣。專注於聆聽的角色，可以聽到自己單方面說的時候絕對聽不到的下屬真心。只要知道下屬的真心，原本不知該如何應對的場合，也可以找出大概的方向，還可以掌握下屬對工作的理解程度，了解他的喜好。

如果不分青紅皂白地對下屬說教，下屬就會三緘其口，無法再得到任何資訊。這樣實在太可惜了。所以最好把這段時間當成收集資訊的大好機會，把自己當成聆聽者。

要儘量讓下屬開口說，除了適時做出回應外，最好也要適時提問「然後呢？」、「意思是？」、「也就是說？」等。因為主管問了之後，下屬必須去思考「為什麼這麼想」的理由，並說出來讓別人了解。這麼一來自然也有助於訓練他的口語表達能力。如果他的說明難以理解，就再問他「是怎麼回事？」，促使他再花點工夫說明。

休息時間的會話也是重要的創新機會，有助於想到新點子。「這該怎麼辦才好啊？」在會議室中大家都沉默不語的事，到了喝茶聊天放鬆的空間中，也比較容易用開玩笑的方式說出各種意見。

因為在可以放鬆打鬧的休息時間，即使說出有些鬧著玩的意見，也不會被否定，因此容易出現各種不同角度的看法。其中常常有前所未見的創意發想。所以我很希望大家利用休息時間試試產婆法。

讓大家儘可能天馬行空的發想，用「有沒有那種像魔法一樣，咻地一下就可以解決，超意外的方法啊？」的問題促使大家發想，用天馬行空的創意發想快樂地度過休息時間也不錯。

下班後和下屬去喝一杯時也一樣。把那個場合當成是聆聽下屬心聲，建立信賴關係的場合。約大家去喝一杯也要適度，不要太過頻繁影響大家的生活，如果因為家庭關係不方便晚上聚會，也可以辦個午餐會。就利用休息時間和喝一杯的時間，當成是建立投契關係，軟化自己僵硬的思考模式的機會吧。

下屬的存在不是為了讓主管偷懶

第二章也提到過這一點。或許有人會以為下屬的存在就是要幫主管工作，讓主管得以偷懶。

這些人可能以為養鸕鶿捕魚，飼主只要把繩子綁在鸕鶿脖子上，拉住繩子，然後鸕鶿就會去捕魚。有這種想法的人，被下屬看輕成「有跟沒有一樣的主管」，也是無可奈何的事。

事實上鸕鶿飼主要做的事並不比鸕鶿少。飼主平常要餵食鸕鶿，也要幫鸕鶿整理住處。所以到底是飼主為了鸕鶿工作，還是鸕鶿為了飼主工作，誰才是主人，其實還很難說。

從搧風的角度來看，扇釘幾乎沒有任何作用，可是沒有扇釘就無法展開扇子。舞台上的指揮不會彈奏任何樂器，但沒有他，就無法讓不同樂器演奏出和諧的樂音。他們都不是閒閒沒事的存在。同理可證，主管的工作是要讓下屬工作。而要讓下屬工作，主管就必須提供一個下屬可以舒適工作的環境，哪裡能偷懶呢？

如果你放棄主管「建立下屬容易工作的環境」的工作，你帶領的部門單位業績應該很糟吧。能否建立一個工作環境，讓大家覺得在這裡工作很舒服，就看身為主管的你怎麼做了。

千萬不要忘記你身上可是擔負著重要使命呢！

忙到沒時間教時怎麼辦？

當新人被分派到自己手下時，一開始可能找不到事讓他做，而讓他閒在那裡。案件雖然如雪片般飛來，但難度都很高，無法交給新人處理，自己光要處理這些案件就手忙腳亂了，可能根本沒有時間指導新人。

我也曾因太忙，找不出時間教新人工作。此時我會老實道歉，「不好意思沒辦法教你，等我工作告一段落我就會教你，不好意思要請你等一下了。」

話雖如此，也不能因此讓新人呆坐在那裡，只好請他先整理書架、剪貼一些業界相關新聞報導、打掃房間整理資料、影印、倒茶等等，「雖然這不是你的業務，但還是要拜託你先幫忙一下」。總之只能先找些事情給新人做。

這種時候新人也看得出來主管已經忙得團團轉了，所以也會有「這也是沒辦法的事」的想法。可是也只能一直跟新人說「對不起！今天也沒時間！我一定會想辦法抽出時間來，請你再等一下！」

等到抽出時間後，也必須先向新人道歉「對不起讓你久等了」，正視自己一直無法教育新人的事實。

不過如果事前已經猜到可能會有這種狀況，最好先趁著還有餘力時，準備好要給新人做的工作。新人剛踏入新的職場，總是會緊張，如果不能讓他們的緊張得到回報，實在太對不起他們了。所以我建議大家事前反覆進行思考實驗，以免新人來報到後手忙腳亂。

「新人來報到時好像會很忙。那就趁現在先找好可以讓新人做的事吧」。等到新人真的來了，就把準備好的工作交給他。

重點不是「待在公司的時間」，而是「在公司做了什麼」

有些新手主管也會猶豫，不知該給新人多少工作。事實上到底應該讓新人工作到幾點呢？答案就是「要遵守勞基法規定」及「要遵守雇用契約規定」。

就算身為主管的你是工作狂，也不能要求下屬完成和你一樣的工作量。下屬也有下屬想做的事，有他自己的生活。工作只不過是為了糊口，下屬並沒有義務為了工作犧牲生活。為了工作犧牲生活可說是本末倒置。

如果真的犧牲了生活，也會喪失工作意願。

可是勤勞工作的主管常會要求下屬完成一樣的工作量。新人通常工作技能不如主管，結果必須花費比主管更長的工作時間才能達標。如果用主管的工作量去要求下屬，下屬可能永遠回不了家，最後搞不清楚自己到底是為了什麼而工作，哪天突然丟辭職信出來都不奇怪。

當然不是每件工作都能準時下班。如果把準時下班當成絕對原則，有時可能無法完成很重要的案件。

為了不讓工作開天窗，必須讓下屬能把工作當成「自己的事」。

如果你是那種指示詳細，如果下屬沒有照著做就發飆的主管，下屬不可能把工作當成自己的事，而是會當成「被主管命令不得不勉強做的事」。心態上就處於被動，當然不會把工作當成自己的事。

「這件事你覺得怎麼做好？」、「關於這件事你怎麼想？」敦促下屬提出想法並尊重他的想法。如果主管平常就抱持這種態度，下屬也會因為自己的意見受到重視，而對工作產生感情，進而把工作當成自己的事。

這種狀況下，下屬自然會努力盡責完成工作。如果因為家庭關係，無論如何必須準時下班回家，也會努力交接工作，拜託身為主管的你，「我已經完成到這裡，但接下來我真的沒有時間做了。可以請您幫忙補足這個部分嗎？」下屬應該會努力儘可能完成自己可以完成的部分吧。

重要的不是「待在公司幾小時」，而是「在公司做了什麼」。

把工作當成自己的事，想盡辦法在上班時間內完成，如果是這樣的下屬，每天準時下班回家也不會有任何問題。所以關鍵是下屬工作時有沒有責任感。

如果培育出「害怕主管的眼光，只好坐在公司裡」的下屬，那主管就應該自我反省了。

必須請下屬加班時該怎麼做才好？

雖然寫出這個標題，但我還是認為應該把工作設計成不需要加班也可以完成。加班讓人疲累，人一旦累了幹勁自然消退，中長期來說一定會影響工作表現。所以主管如果不能提醒自己要讓下屬保持餘裕，就很難維持高昂的士氣和良好的工作表現。所以還是應該儘量避免加班。

勞基法之所以規定一週工時不得超過四十小時，當然是有道理的。汽車量產的先驅亨利・福特從一九二六年開始，就導入一週四十小時的工時制度。當時還被全美製造協會大力抨擊。

為了讓社會大眾接受，當時檯面上的說辭是為了促進消費活化經濟，所以縮短工作時間。不過實際原因據說是因為長達十二年的實驗結果證實，一天工時由十小時縮短至八小時，一週工作六日縮短為五日，反而增加勞工的總生產量，降低生產成本。這是森迪爾・穆蘭納珊（Sendhil Mullainathan）與埃爾達・夏菲爾（Eldar Shafir）合著的《匱乏經濟學》（*Scarcity: why having too little means so much*）中介紹的事例。

福特公司導入八小時工時已經是近一世紀之前的事了，我認為這是非常合理的措施。長時間工作或許可以完成目前手邊的工作，但之後一定會出現後遺症，累積疲勞，不再有衝勁，影響整體工作表現。一週工作四十小時可說是長期維持「高昂士氣」的重要經驗法則。

在這樣的前提下，我們再來思考如何拜託下屬加班。因為目前在日本，現實狀況就是不得不加班（不過如果可能，我還是希望大家儘量避免加班）。

一樣是加班，為了下屬本身的工作加班，和為了協助主管或部門單位的工作而加班，兩者可是不一樣的狀況。

交辦給下屬的工作，下屬應該已經認知那是「自己的事」。雖然很想盡責完成，但時間就是不夠，可能不得不加班。此時主管應該慰勞下屬的辛苦，「我知道你很有責任感，不過還是不要太過勉強哦」，傳達出很遺憾必須讓下屬長時間工作的態度。主管對下屬說「不要努力過頭了哦」，會讓下屬內心小小高興一下，覺得「原來我在主管眼中是那麼認真努力的人啊」。這麼一來下屬就會更想要盡責完成工作，也有更強烈的意願，要在上班時間內俐落地完成工作。

反之如果主管的說法、態度是「這本來就是你的工作，不管要加班多久，你都要完成它」，下屬的心理很容易就變成「誰說的，還不是你分派的工作。不知道這項工作這麼花時間是主管你的問題。啊啊，真的好煩，認真工作的我看來好像一個笨蛋，還要我長時間加班，我應該要去申請加班費」。主管的一句話會暴露出主管的想法，和對待下屬的心態。

另一方面，如果是為了協助主管或部門單位的工作而請下屬加班，就算有加班費（日本常常沒有），下屬也會覺得好像是在做義工。

主管的工作比下屬多，可是光靠一己之力真的無法完成時，如果用拜託下屬幫忙的態度「不好意思可以請你負責這一部分嗎？」下屬會比較願意接受「只要我能幫得上忙」。如果是命令下屬做，下屬做起來就會心不甘情不願；可是如果是被主管拜託，下屬內心就會有點小得意，「既然你都這麼說了，就幫你一下吧」。

此時如果主管自己什麼都不做，只是把工作推給下屬，就算下屬留下來加班，工作效率一定也很差。心不甘情不願當然不會有幹勁，花再長時間也都很難有進度。主管如果自己不能以身作則努力工作，就不應該叫下屬加班。

因此萬一真的必須要求下屬加班，就必須知道這是一種「交換條件」，代價是可能影響下屬日後的幹勁。幹勁受影響後，主管可能必須做出「犧牲」，如減少下屬工作量、容許他有時間放空等，以重振他的幹勁。

不用我說，大家都知道幹勁的前提是「自己思考後行動」。當工作疲累喪失幹勁時，自然不想用自己的頭腦去思考，也就不會有所行動。在收到指示前只想放空，渾身無勁。

成為被動人才最主要的原因之一，就是喪失工作意願。如果希望培育出自行思考後起而行的下屬，主管也要盡最大的努力去提升下屬的士氣與幹勁。加班可能大幅影響幹勁，所以請務必小心注意。

如果真的不得不請下屬加班，至少買罐咖啡給他，表達出「對不起，這是我的一點心意」的態度。這小小的貼心舉動，可以左右下屬士氣。

工時、加班相關的原本想法

專注力的源泉「幹勁」，必須在各種條件齊備，身心安定的狀態下，才能維持在高水準。

這裡我要介紹一個最適合用來說明績效最大化的歷史事例。這是有關一位推動社會改革的英國實業家羅伯特・歐文（Robert Owen）的故事。

當時正是英國工業革命開花，工業生產盛行之時。勞工被迫接受極低廉的薪資工作十二小時，工廠附近的商家只準備惡劣粗糙的食材，而且賣得很貴，勞工們手頭很緊。當時的經營者只想著如何請到更便宜的勞工、如何讓勞工更長時間工作。他們把薪資當成成本，認為這樣做可以獲得最大利益。

然而歐文的經營卻反其道而行。

他給勞工充裕的薪資，縮短工時，並想方設法讓勞工願意提升自己的技能（如在每個勞工的負責區域依能力掛上不同顏色的吊牌、想辦法讓勞工願意效法高技能的技術人員等），而且在廠內的商店便宜提供生活必需品，讓大家有餘裕享受生活。歐文替勞工們備妥各種提高幹勁的條件。

最後歐文的工廠生產的絲線，獲得品質世界第一的高評價，產量也越來越高，經營極為成功。因此英國工廠老板紛紛前來見習。

之後英國制定工廠法減少長時間勞動。法律雖未臻完善，但走到立法這一步，正是因為歐文反其道而行的經營，得到前所未見的成功結果。

近年來日本社會一直在討論每人勞動生產力低落的問題。詳細分析當然要由專家進行，但我擔心長時間勞動可能也是原因之一。日本從泡沫經濟破滅後景氣低迷不振，企業長期停止招募新員工，形成工作不減但人手減少的工作環境。在加班為常態的職場，員工身心俱疲，士氣低落，提不起勁來自主行動，這其實一點也不奇怪。

最大化工作績效必須維持員工高昂的士氣。必須讓員工處於工作很有趣、不以為苦的精神狀態。前面也已說明如何提振士氣，其實主管最需要注意的一件事，可說就是如何讓下屬的士氣維持在高點。

以我為例，如果員工或學生表示今天想早點回家，或有事想請假，我都不會阻止他們。而且我也不會多說什麼。我認為他們平常就幹勁十足地工作讀書，理所當然需要休息。

如果我禁止他們請假或提早下班，會發生什麼事呢？明明很想休息卻不能休息，這種不滿會影響幹勁。就算工作時間再長也無法專注投入，所以工作效率很差。長時間加班也只是拖拖拉拉地做事，永遠做不完。因為喪失幹勁，也不會自行思考後行動。如果主管有命令，沒辦法只能做，如果沒有，就想方設法偷懶，成為標準的被動人才。

平常就幹勁十足工作的人，工作時就會考量到提早下班或休假的影響，也知道自己可能造成同事們的困擾。這種用自己的頭腦思考並行動的人，經過深思熟慮後決定提早下班或請假，就隨他們去吧。

我認為主管不能被工時長短這種外在表現迷惑，最好是用工作幹勁的高低作為指標。只要能讓下屬維持十足的幹勁，他們自然會在工作時間內儘可能完成工作。

看到這裡，可能有讀者會想「工作表現不佳，又讓他早點回家，根本做不了事」。然而這原本就是因為未能成功提振士氣所造成的結果。

工作表現不佳，一定是沒有幹勁的結果。如果下屬覺得工作很有趣，把工作當成自己的事，有很高的幹勁希望無論如何都能在自己手上把這份工作完成，工作表現自然會好。

不受工時長短這種外在表象迷惑，還要維持下屬幹勁。主管必須絞盡腦汁，讓下屬有高昂的工作幹勁。

說來話長，具體來說基本工作時間最好訂在下屬可以和主管開會的核心時段（視職種而異，例如上午八點半到下午五點半左右）。

下屬有時會因為家庭需要等，必須提早下班或請假。我希望大家都能容許這種狀況，不要抱怨。因為這樣做最終有助於下屬產生「我要把請假的份也趕回來」的想法。當然也要事先告訴下屬請假必須提早告知，除非事出緊急。

身為主管的你與其去糾結下屬的工時長短，不如用心建立能維持下屬高昂士氣的環境。只要專心設法維持下屬高昂的士氣，下屬自然會找出最合宜的工時長短。

業務日誌的寫法

和下屬相處一整天後，也可以在下班前二十分鐘花個十分鐘左右，讓下屬寫業務日誌，或讓他們整理一下今天的工作內容，並寫在筆記本上。然後再花個十分鐘左右開會。

具體來說業務日誌應該寫些什麼，請參考下一頁的業務日誌範例。

像我這樣的研究者，習慣把日誌稱為「實驗筆記」，我建議其他職業的人也務必採用這種作法。

一開始先告訴下屬「為了讓大家翻開業務日誌就能重現相同工作，下班前請大家填寫業務日誌。」之後就請大家每日填寫。

新人可能會忘記自己寫在日誌上的事。不過只要持續不間斷地寫業務日誌，主管就可以告訴他「這是○月左右你做過的事。你還記得怎麼做嗎？你去看一下當時的業務日誌」，他就可以找到自己寫下的工作概要。只要回頭看當時的業務

業務日誌書寫範例

①寫下當天日期。
②把當天主要業務依【01】（第二主要業務則為【02】）順序編號，並加上標題以了解業務概要。

2016年9月19日

01. 電話約訪

尋找願意刊登廣告的企業。主動打電話約訪。

打30通電話。打到總機的業務電話會被掛斷。所以先在網路上尋找可能是廣告窗口的人，直接打電話給他。今天約到一家公司要去拜訪。

02. 開發新客戶A公司

請客戶刊登網路廣告。

約訪成功。第一次拜訪。事先調查該公司的廣告，尋找商機。○日預定帶廣告計劃前往拜訪。

③簡單寫下該業務目的。
④詳細但簡潔地寫下當天所做的業務，以便日後得以重現。

2016年9月20日

01. 帶廣告計劃拜訪A公司（160919-02）

製作下次拜訪用廣告清單。

02. 開發新客戶B公司（160910-01）（160917-02）

「第一次約訪」、「第一次見面調查需求」、「第二次面談具體提案」都成功完成，但客戶表示「主管說也想聽聽你們怎麼說，可以和我們主管見面談一談嗎？」因此第三次拜訪去見客戶主管。首先仔細詢問主管到目前為止的廣告投放經驗，再次說明本公司可處理的廣告。結果客戶表示「內部討論過後再聯絡」。

⑤標題後加上上次相關業務的日期與編號。
（例如【2016年9月19日做的第二項業務】=【160919-02】）
⑥記載本業務起始日期與編號。
（例如【2016年9月17日做的第二項業務，是本業務的起源】=【160917-02】）

【其他注意事項】如果有用電腦編製的資料，就列印出來貼在筆記上。資料的檔案名稱中加入和筆記相同的日期，要從電腦找出資料時也比較方便。

日誌，應該就可以再做一次相同的工作。也就是說只要留下寫著當天業務做法的業務日誌，應該可以更快回憶起工作的樣子。

業務日誌的寫法也必須邊寫邊記住。如果寫的時候東漏西漏，日後再回頭來看也不知道當時做了什麼，那就頭痛了。

我的做法是先問他：「我想請你再做一次你上次做的業務。你可以向我說明一下之前是怎麼做的嗎？」如果業務日誌寫得很完整就沒問題，可是下屬在寫的時候，常常自以為「這不寫也會記得啊，那就不寫了」，結果事後真的記不起來。「咦？那時候是怎麼做的啊？」、「這裡和這裡之間，是不是缺了什麼？」我會用提問的方式指出下屬的不足。這樣他們慢慢就可以掌握訣竅，知道必須寫什麼、寫到什麼程度。

即使告訴新人「每天都要寫業務日誌」，沒有這種習慣的人很容易三分鐘熱度就放棄了。為了避免變成這樣，敦促下屬確實每天填寫，也可以在晨會時問下屬「你可以告訴我昨天你做了什麼嗎？」這麼一來為了應付主管的問題，下屬只能乖乖寫業務日誌。

為了讓下屬重現他自己之前做過的事，要求他對主管說明。反覆幾次後下屬自己可以掌握應寫在業務日誌上的資訊。這些業務日誌相關的措施，也可以協助下屬掌握工作重點。

下班前應確認的事

如果能在下屬記完業務日誌後到下班前，利用十分鐘左右的時間開個會，那就再好不過了。

可以事先告訴下屬，「因為你們還是新人，不知道也是理所當然的。下班前的開會時間，大家可以把當天不懂的事提出來問，所以請大家準備一、兩個問題」。

下班前的會議時間除了回答下屬們準備的問題外，也可以反問下屬：「今天發生這樣的事吧？你們怎麼想？」利用提問刺激下屬思考。

第二天早上再看著業務日誌，想辦法讓下屬建立一、兩個假設。「昨天做的工作，你知道為什麼要那樣做嗎？」把「為什麼」丟給下屬，讓他們提出「是不是這樣？」的假設，用猜的也無妨。有不懂的地方主管也可以提供思考素材，讓下屬更容易回答問題。

如果下屬說出「沒有想法」的遺憾回答時，也可以故意針對下屬可能不懂的地方，再刺激他一下，「那你知道那時的這個是為什麼嗎？」只要下屬發現不準備問題會讓自己陷入更慌張的處境，就會想辦法寫好業務日誌，以便能回答問題。

有了業務日誌也更容易讓下屬學會假設性思考。邊回顧過去的工作，也更容易建立假設，如「這件事如果要用其他方法做做看，可以用什麼方法呢？」等等。

建立假設有助於磨練觀察力、洞察力。舉例來說，如果建立「那位客戶說不定會喜歡這一系列的商品」的假設，就很清楚知道自己應該帶哪種型錄去拜訪那位客戶。實際上真的帶了那本型錄去拜訪客戶，也會仔細觀察客戶的反應。如果他看起來不太心動，就可以建立這位客戶有其他嗜好的新「假設」，然後重新進行驗證。如此即可逐步提高假設的精確度。

建立假設在實驗科學中是非常有效的方法，在現實社會中也能發揮極大效用。

如果下屬討厭和主管談話

我希望主管們利用晨會讓下屬學會假設性思考，可是不知怎地，就是會有一些下屬很討厭和主管談話。此時又該如何是好呢？

如果相處不睦已經出現情緒化反應，就比較棘手了。沒有人想聽把自己當白痴、討厭自己的人說的話。此時或許最好重新建立雙方關係。不過好在如果在情緒發酵前解決這個問題，還是大有可為（我希望主管們在關係惡化前，能確實提醒自己要仔細聆聽對方說話，建立投契關係）。

這種時候就要好好運用剛上班和下班前的十分鐘會議時間了。

剛上班時關心一下「最近的工作進展如何？」、「今天預計做什麼呢？」不管是之前有過交集的下屬，還是新到任的下屬，突然改變習慣都讓人困惑。在這個前提下就先做做看吧。

下班前問一下「今天的工作如何？」、「明天以後有什麼計畫？」

只要持續一週，至少大家就不覺得開會是一件很突兀的事了。

接著再表示出自己對下屬的說明感興趣，慢慢越問越深入，「嘿，那還真有趣耶」、「我對那個部分很感興趣，你可以說仔細一點嗎？」

「你到底想問出什麼啊？」如果讓下屬起了警戒心就不好了，所以表示出自己「感興趣」很重要。下屬回答後也要讓他知道自己很感興趣，「原來如此」、「之後你可以告訴我最後的結果嗎？」

只要下屬知道主管的提問是善意的，不是故意吹毛求疵找毛病，之後就可以用「這該怎麼辦才好啊？我也不知怎麼辦才好，你有沒有什麼點子？」這種提問的形式，朝著解決課題前進。所謂課題，就是一直在原地踏步無法改善的問題。

如果對自己的言詞不夠留意，就會變成責問的口氣，「你這傢伙，根本沒動手啊！你到底在搞什麼！」然而問題之所以會被擱置，也是因為下屬也不知道該如何是好，束手無策，責罵他也無濟於事。

讓我換個例子來說。聽到「戀人會互相凝視，夫妻會一起往同一個方向眺望」的說法時，我突然靈感乍現。戀人因為有「看我嘛！」的要求而是「面對面」型，但夫妻則在同一條船上，是必須解決相同課題的關係。

套用在主管和下屬的關係時，質問下屬怠惰為「面對面」型，一起思考課題的態度則為「面對問題，朝相同方向」型。所以展現出自己的態度是和下屬朝相同方向一起思考課題，而非面對下屬責難他，這一點至關重要。自己到底是和下屬面對面還是面向相同方向，只要意識到自己「態度的方向」即可。

「覺得困難是有什麼原因呢？你有沒有什麼發現？」

採取一起深挖問題的態度，就可以慢慢帶出下屬「我發現這個」的意見吧。

「原來是這樣！還有其他發現嗎？」敦促下屬儘量說出意見，並對每一種意見深表認同，下屬也比較敢放心說出自己的意見。等到出現好的假設時，就促使他們「我不知道是不是會順利，但還是照著這個假設先做做看吧」。如果方針反應了下屬自己的意見，下屬應該也會湧現挑戰意願。

就算結果不如假設所想，雙方也會覺得「都經過那麼多思考了還做不到，那就沒辦法了」。而且下屬應該會有新發現「雖然做得不順利，但在做的過程中，我發現了這一點」吧。此時只要給予正面回應「就算失敗，你也從中得到寶貴經驗了呢（笑）」，之後他應該也會主動收集資訊。

面向相同的方向。一起思考課題。用提問的形式促進下屬思考，積極同理下屬的意見。只要反覆這一連串的操作，下屬自然慢慢會願意對話。

三大方法讓下屬不斷地提出意見、發問

主管提問想促使下屬存疑，但下屬還是提不出任何問題。就算問下屬「有

沒有什麼意見或看法？」也只會聽到「沒有」的回答。可是之後實際讓下屬去做時，卻發現他什麼都不懂。

「不懂就要問啊！」主管即使這麼說，下屬還是不發問。主管努力想擠出下屬的話，但每每都像一拳打在棉花上。到底採取什麼對策才好呢？很多人應該都有這種困擾吧。這個問題盤根錯節，有各種可能原因，以下一一具體來想一想吧。

×未事先敦促下屬發問

你是不是從頭到尾說明完之後，突然丟出一句「有沒有問題？」此時新人會嚇一跳而且感到疑惑，「咦？一定要發問嗎？」日本年輕人在校時，「學到」在課堂上發問會被當成不合群的人，所以不出聲才安全。甚至還有人的經驗是問了自己不懂的地方，結果被罵「你難道沒認真聽我在說什麼？」還有些人被問了之後，會以為對方嫌自己的說明難懂而發飆。所以也難怪年輕人會有不問沒事的心態。

因為不想被罵而不開口。之後就算被罵不懂，也只要被罵一次就好了。在這種合理的判斷下，下屬會選擇回答「沒有問題」。

○ 改善例

為了避免出現這種狀況，我會在開始說明前，事先告訴大家「說明結束後我一定會請大家提問。所以請大家先準備好兩、三個問題哦」。這麼一來還可以得到幾個附帶效果。

為了找問題，下屬就會認真聽，而且會明確區分自己能理解和不懂的部分。而且我說這句話，也隱含著不懂的地方就發問，一點也不失禮的訊息。

× 問題太籠統

你的問題是不是太過籠統了呢？如果你的問題模糊不清，像是「這個問題你怎麼想？」下屬當然不知道要回答什麼才好。就算你再催促下屬「什麼都沒關係，告訴我你的意見吧」，下屬也會因為不知道主管的期待，怕萬一自己的回答不是主管要的，反而可能被罵，因而選擇閉嘴。

這樣的選擇雖然可能被主管罵「你怎麼都沒有意見」，但只要被罵一次就沒事了。所以下屬老是說「不知道」，敷衍了事。

○ 改善例

「我覺得這次的企畫很有趣，可是有點擔心無法讓看的人知道我們的目標是什麼。你有沒有想到什麼？」

「這次的問題雖然也有非戰之罪的部分，但可能也有我們還可以做得更好的部分，你有沒有什麼發現？」

要請大家發表意見前，主管應該在提問時加入自己的意見或收集來的資訊，告訴大家「我是因為這樣而感到困擾」。如此一來對方也能更清楚知道自己應該針對什麼回答。

此外我希望大家不要問對方「意見」，而是要問對方有沒有「想到什麼」或「發現什麼」。「意見」這個詞比較沉重，感覺好像要有一定的知識和判斷力才說得出口。所以如果被主管要求說出意見，會讓人覺得很沉重。

只要在問法上下一點工夫，如「你有沒有什麼發現？」、「你有沒有想到什麼？」就可以降低對方開口的門檻。

× 讓人覺得其實你很想講

下屬正想說出自己的意見時，你是不是很快就會說「喔，那個啊」，然後把會話主導權搶回去，自己說個不停？寫到這裡其實我也有點陷入自我厭惡，但還是要說這種人只要一聽到對方說出的關鍵字，就會立刻接下去「喔，你這麼說我突然想到……」，而且不說不快。這麼一來對方就會接收到「原來你很想說啊」，然後覺得麻煩，乾脆什麼都不說了，敬而遠之以策安全。「是是是，這樣啊，你說的都好都對」。對方會看穿你其實不是想聽別人意見，而是希望別人提供你說話的題材而已。

特別是年紀越大，越容易只憑著對方開口說的幾句話，就自以為已經知道對方想說什麼，根本不管對方原本想說什麼。「哦，針對那個意見……」然後也不認真聽，就開始發表自己的高見。

○ 改善例

明明想聽的是嶄新的意見，聽到的卻是千篇一律的回答。一旦有這種感覺，就很想早點駁斥對方。可是就算是千篇一律的答案，每個人得出這個答案的過程也不一樣，各有各的故事。仔細去探究不同的故事，其實是一件很有趣的事。

「咦，你為什麼會這樣想啊？」

即使聽起來像是一樣的意見，得出這個意見的經過也因人而異。

就算自己覺得可以猜出對方要說的大概是什麼意見、問題，也只要像看到統計數據的具體例子一樣高興就好，「哇，果然現今這時代這種意見很多啊」。然後問對方「你為什麼得出這種意見？可以告訴我原因經過嗎？」說不定因此你就會發現一個意外的年輕人輪廓。

如果自己失去聆聽的態度時，可以試著分析一下自己會想聽什麼樣的提問。

不知在想什麼的下屬很可怕嗎？

做了這麼多溝通，還遇到不知在想什麼的下屬，可能會讓主管感到不安，甚至有股衝動想完全控制下屬，對不受自己控制的行動感到坐立難安。只要下屬沒有看著自己，就會擔心「下屬是不是不尊敬自己，不把自己當主管看？」擔心自己是不是無法控制下屬。

然後為了吸引下屬注意「看這邊」，就不知不覺地下許多指示。結果反而讓下屬覺得煩，「這個主管真囉嗦」、「你可以讓我安靜一下嗎？」更對主管敬而遠之。

大家不知是否知道，人一旦就任主管後會有退化成幼兒的部分，也就是幼兒常對父母說「看我嘛看我嘛」的部分。嬰幼兒總想獨占父母的視線和注意力，只要父母一把注意力放在電視上，就會哭著說「看這邊啦！」。只是去晾個衣服，讓小孩一個人在一旁，小孩也會哭「不要不理我！」。一看到小孩自己一個人玩起來了，父母就放下心去看個報紙，結果報紙就被小孩扯下來，「你在看什麼啦！」

小孩子可以敏銳地感知到父母的注意力、視線離開自己了，所以要讓父母再次注意到自己，再次看向自己。也就是產生「獨占慾」。換個角度來說，如果不能獨占父母，小孩就會感到不安。

自古以來大家都根深蒂固地認為主管就是隨意支配下屬的支配者。因為有「主管必須能管理下屬」這個冠冕堂皇的藉口，很容易出現隨時隨地都想監視、控制下屬的心態。

大多數人經過托兒所、幼稚園或小學階段，遇到「不同人格的同學」，和無法隨心所欲的人交流後，這種幼兒的需求就會找出折衷之道，知道別人是自己無法控制的存在。也就是理解到別人就是這樣一種存在，就算不知道別人在做什麼、在想什麼，也不會因此不安。

然而一旦就任主管，嬰幼兒期的這種需求很重易重新抬頭。這可能是因為有一點誤解，誤以為「既然是主管和下屬的立場，或許可以支配他人」。身為主管應該讓下屬做的事，就是「在上班時間內確實用心工作」。就這樣而已。

因此就算不知道下屬在想什麼也不用擔心。下屬應該也希望主管「留點空間給我」吧。所以不用去理它。只要理解這個人「不過就是這種性格」，偶爾真的不知道對方在想什麼時，也不用擔心「他是不是把我當笨蛋？」、「他是不是無視我的存在？」

不需要討好下屬

話雖如此，不過不知道下屬在想些什麼，還是難免不由自主地擔心他是不是把自己當笨蛋。或許有人會因為這種不安，反而過度注意下屬，想討好甚至奉承他。人類畢竟是會在意他人眼光的生物，有這種想法也是無可奈何的事。

不過我們其實不用百分百掌握下屬的想法。就算不百分百掌握下屬想法，也有辦法和下屬和平共處。

先讓我說一件無關的事。我弟弟養了一隻很喜歡的貓，而且很寵牠，但那隻貓卻不太理他。可是那隻貓卻很親近我這個平常不照顧牠，也不怎麼寵牠的人。為什麼會這樣？我很好奇地觀察了一陣子，得出一個理由。

我弟弟因為太愛貓了，即使貓肚子不餓，他也會拿東西餵牠，還會在貓睡得很舒服的時候把牠抱起來擼。反之只要貓不來要食物，我不會餵牠，而且除非貓表現得很希望我擼牠，我也不會擼牠。比起因為太愛貓而不考慮貓需求的濃濃愛情表現，在貓未主動要求時什麼都不做的無情表現，好像讓貓覺得比較舒服。

很抱歉用貓來舉例。但我覺得自己從和這隻貓的相處之道，學會了如何「保持距離」。每個人都有想要獨處的時候。這種時候如果有人在身旁獻慇懃，只會讓他覺得煩，一點也不會感動。

下屬遇上困難主動求救時就幫他一把，否則就放著不管。只要採取這種不冷不熱的態度即可。只要下屬知道自己有困難時主管會幫忙，自然會來找你商量。關心太多讓下屬覺得「去找他商量他都會反應過度」的話，下屬自然會想和主管保持距離。

有困難時出手相助，否則就放著不管，在旁邊守護。也就是說主管除非必要，其實不用太關注下屬，只要做自己的事即可。就算主管和下屬之間是這種不冷不熱的關係，也完全不會影響工作。

下屬不落實報連相時

雖然說可以適度放著下屬不管，但如果下屬完全不報告、不連絡、不相談，那也很傷腦筋。話雖如此，如果主管在下屬做之前就叮嚀「那個要先做」、「這個要先做」，下屬就會覺得「好啦，我早就知道了！」、「你這麼不信任我嗎？」、「啊啊，我真討厭上班～」。當然領公司薪水還是得做事，但做起來就心不甘情不願了。

那麼又該怎麼做，才能讓下屬確實報連相？我想可以利用前面提到過的晨會和下班前的會議時間。只要設定簡短的報連相時間，「今天的預定業務是？」、「昨天做了什麼事？」下屬自然知道要事先準備。

當下屬自動自發地準備報連相後，主管也要給予正面回應，「謝謝你，你說得很清楚。」只要能對下屬早一步的動作表示正面評價，下屬也會以積極動作為樂。

大家可以仔細觀察一個人為什麼會喪失幹勁、為什麼會心生厭煩，然後逐一減少會造成這種負面結果的因素。只要累積這些客觀的努力，自然可以找出主管和下屬之間最合宜的距離感。

三個月後到一年

等到過了約三個月，雖然還算是新人，也已經逐漸適應新環境了。昨天工作的意義、今天預定的業務有什麼意義，反覆建立假設後驗證等作業，既加深理解，同時也習慣發問了。

到了這個程度就可以自行思考，慢慢地也可以說中主管到底是怎麼想的。逐漸習慣理解主管的想法，儘量自行思考後付諸行動。

不過主管就是主管，下屬還是下屬。我們還是必須讓下屬知道決定權在主管手上。所以日常就必須告訴下屬，「主管的意見雖然不一定都對，但卻是經過綜合考量後的結論，希望大家能體諒。」只要下屬知道你是一位願意聆聽的主管，下屬也會忖度「可能發生什麼事了吧」。

只要沒有大問題，最好儘量讓下屬試著執行他自己的提案。就算主管明知會失敗，只要是可以靠後續協助補救的小失敗，讓下屬去體驗失敗也是一種教育。稱讚下屬的挑戰精神，並要求他從失敗中學習。一定要明確表現出自己正面看待挑戰的態度，「雖然我本來就覺得可能會失敗，可是有些事也只能從失敗中吸取教訓。」

如果下屬可能面臨有危險性的失敗，就透過「如果那樣的話，你覺得會發生什麼結果？」反覆提問，讓下屬在思考實驗的階段就意識到危險。與其自己搶先一步說出答案，不如反覆提問讓下屬自己發現，更能讓他服氣，願意停下來。在本人還深信「這是一個很棒的點子！」時直接潑他冷水，只會讓下屬反彈，甚至因此更想做給你看。所以不要直接反對，而是透過反覆提問，「如果加上這種條件，會變成怎麼樣？」、「如果發生這種問題，你打算如何因應？」等，讓下屬深入思考。

雖說是在主管提問引導下做出的結論，但自己得出的結論還是比較能讓自己信服。這麼一來也不至於影響幹勁，下屬應該會有「下次擬定計畫時要更小心仔細」的想法。

下屬為什麼會鬧情緒？

明明自己已經很用心教了，下屬成長卻不如預期，真的很想給他貼標籤。像是「這傢伙天生懶惰，沒輒」、「那傢伙是個死硬派，怎麼說都不聽」等。為什麼只要遇到自己不喜歡的人，人就喜歡給別人貼標籤呢？我想或許是因為不能具體報復他，如「揍他一拳」等，那就給他貼個標籤小小報復一下吧。

貼標籤其實也就代表著「心理上放棄」的意思。只要貼上懶惰鬼的標籤，就不會期待他努力，「反正他就是那樣」而放棄他。貼上死硬派的標籤，就不會再努力希望他理解，直接放棄他。

所謂放棄，就是心裡那條線切斷的狀態。就某個角度來說，也就等於不把對方當成人，而是當成東西來看，不論他做什麼說什麼都不會生氣，相對地也會把他的話當耳邊風。

而被貼了標籤的人又會有什麼行動呢？他會戴上「人設」面具。不管自己說什麼，都會被恥笑「反正你這個人……」，這樣下去會傷痕累累血跡斑斑。所以就戴上「反正我就是〇〇」的人設面具，只做最低限度的事，真的變成懶惰鬼、死硬派，用只照對方的標籤行動以為「報復」。

貼標籤和戴上人設面具是成對出現的現象，而且這種現象其實就像是互相報復。貼標籤的人用把對方當白痴來報復他，而戴上人設面具的人則在內心發誓絕不做有利對方的事以為報復。真可說是一種不幸的關係。

人設面具戴久了，就會習慣成自然，真變成那個人設的樣子，所以本人有時也會因此相信那個人設就是自己原本的個性、天生的性格。不過一直戴著人設面具可能影響工作，所以必須讓他脫下面具改變才行。

要讓下屬脫下人設面具，首要之務就是不要給他貼標籤。一旦說出「這傢伙就是○○」，對方就只會那樣行動。可是不給他貼標籤，情況就不一樣了。

只要你相信（祈禱）「他會這麼行動，只是因為他習慣這麼做。只要環境改變條件不同，他一定會有所改變」，對方慢慢地會感受到，「咦？這個人和其他人不同，不會給我貼標籤。就算我固執己見，他也會覺得我可能有什麼理由，願意等我」。當他發現自己不用習慣性地戴上人設面具，不用靠面具來保護自己的心不受傷害，也很安全時，他那已經凍硬的心慢慢就會開始融化了。

當然人不是那麼容易改變的生物。只要有一點點不舒服的感受，他又馬上會戴上自己習慣的那張人設面具，恢復原狀。但是只要持續小心注意不給他貼標籤，他脫下面具的時間會越來越長。這麼一來就可以看到一個全新的他。

至少貼標籤這種行為，只能讓人更堅定地戴上人設面具，關上心房，影響他的表現，無法期待會出現任何好的變化。

主管絕不能給下屬貼上「那傢伙反正沒救了」的標籤。而是要試著轉心換念去想，「他之所以戴著這種人設面具，應該是過去的經驗造成的吧。要具備什麼條件才能讓他脫下面具呢？」」，就算要花一點時間，下屬總有一天會改變的。

不給業績目標就讓下屬動起來

另外一種常見作法也和貼標籤有些關係。我想許多主管會給下屬極高的業績目標，因為「原本就是工作表現不佳的人，不用業績目標逼他動起來，他不會好好工作」。這種想法或許就像是當牛或馬原地踏步時，就鞭打牠們要牠們前進一樣。

每次聽到主管們這麼說，我就會想到卡通「龍龍與忠狗」。這個故事是說忠狗阿忠在被主人翁龍龍撿到前，過著被原飼主任意鞭打，被強迫搬運重物的日子。一旦阿忠搬不動腳軟，又會被鞭打。龍龍覺得阿忠實在太可憐了。最後阿忠因為過勞而奄奄一息時，被原飼主丟棄了。龍龍撿回阿忠細心照顧，總算救回阿忠一條命。等到阿忠恢復體力，牠反而主動想幫龍龍搬運牛乳。

完全復原後的阿忠快樂地幫龍龍和爺爺載貨，再重也不嫌苦。

站在原飼主的角度來看，阿忠真的工作表現不佳。所以原飼主才要鞭打牠，強迫牠工作。但鞭打不但讓阿忠更提不起勁來工作，最後甚至還剝奪了阿忠活下去的欲望。

可是當阿忠遇到龍龍，經過龍龍細心照顧復原後，牠反而主動地想幫龍龍和爺爺工作。連搬重物也不嫌苦。這雖然是虛構的卡通故事，但也有許多發人深省之處。

面對不同的人，有時會覺得「為了這個人，我什麼都願意做」，也可能「只要跟他有關，我碰都不想碰」。要讓下屬工作，最好儘可能讓他處於前者的心情工作，這樣對下屬來說，甚至是對身為主管的你來說，都可以建立氣氛良好的關係。

所以主管首先必須控制自己，不要出現影響下屬幹勁的言行。影響幹勁最典型的例子大概就是「我不相信你」的訊息。

給下屬設立高業績目標，往往傳達出這種負面訊息。也就是下屬會確實接收到主管「你就是一個放著不管就不會工作的人。所以我儘量給你很高的業績目標，只要你能達成一半我就偷笑了。你的一半差不多就跟其他人一樣，所以我應該給你設定兩倍的業績目標吧」的想法。這麼一來，下屬確實接收到「主管不相信我」的負面訊息，就會故意表現得很糟，糟到會讓主管焦躁不安的程度，反正只要不糟到被炒魷魚就好。就像是報復心理作祟，形成惡性循環。

如果希望下屬積極主動，且高高興興地發揮出最佳表現，就要反其道而行，不能給他設下業績目標。也就是要形成就算沒有業績目標，下屬也會主動做出成果的狀態。

究竟怎麼做，才能建立「龍龍和忠狗的關係」呢？其實就是用我之前提到的方法，細心培育下屬。到目前為止我提出的方法，都是不給下屬業績目標，但能讓下屬維持高昂士氣，做出成果的方法。所以請大家不貼標籤、不設業績目標，有耐心地多方嘗試。

不過還是有人覺得「從現實角度來看太難了……」。為了這些人，接下來我要談的是不設立業績目標，也能敦促下屬主動出擊的方法。

不稱讚的培育方法

有人說要「稱讚下屬助他成長」，但也有人指出「稱讚下屬會讓他得意忘形」。

前者的想法是被人稱讚會有幹勁，更願意努力，讓一個人成長，所以要稱讚下屬。而後者的想法則是稱讚他會讓他誤以為「我很厲害」，於是不再努力，變得傲慢不聽話，不再成長，所以不要稱讚下屬比較好。

到底哪一種想法才正確呢？

其實兩者都對。被人稱讚的確會讓人拿出幹勁願意努力，但也可能因為自視甚高而變得傲慢不再成長。看起來好像互相矛盾，不過兩者都有可能發生。

其實兩者稱讚的對象不同。前者用的是「你真的很努力」、「你這裡做得很好」等，稱讚的是對方的「用心和努力、辛苦」。而後者說的是「考一百分好厲害」、「你的成績創歷史新高啊」，稱讚的是「結果」而非本人。

也就是說，前者稱讚的是一個人「內部」發生的事，而後者稱讚的則是那個人「外部」發生的結果。

用前者的方式稱讚一個人，會讓他浮現「如果再發生同樣狀況，我要做得更好」、「這次的做法還有些不成熟，下次我要多下一點工夫」等力求改善的想法。因為努力下工夫會得到稱讚，所以想再加一把勁讓對方刮目相看。

可是如果用後者的方式稱讚一個人，會讓他拿過去的成績當藉口，合理化現在的表現。就像是昆蟲穿起盔甲披上「外骨骼」，為了守護純真的內在而打腫臉充胖子。「我認真起來可是很厲害的」、「我只是還沒使出全力而已」，老是拿過去的成績出來說嘴，一點也不思努力。

所以稱讚一個人時，要稱讚他的用心、辛苦、努力等「內面的部分」，而不是稱讚結果或成果等「外面的部分」，這樣才對未來有益。

不過因為「稱讚」這個詞可以用在內部和外部，容易讓人混淆，所以我慣用

「覺得有趣」這個詞。

他在那個時候下了什麼工夫、吃了什麼苦頭、又如何突破障礙？為他的用心和努力覺得有趣，驚嘆不已。

例如，假設有個人畫畫很棒，「這幅作品據說價值一百萬日圓耶！」、「啊！好厲害！」因為外在而受人稱讚，我想那位畫家也不會高興。說難聽一點，甚至會覺得稱讚他的人很俗氣。

相對地，如果問他「我對畫畫一竅不通，為什麼這隻鳥看起來這麼雄偉，好像正在振翅高飛啊？」我想他可能會很高興地說明自己在畫的時候下了什麼樣的工夫。

對努力的人來說，印象最深的是發生在自己內心的事。怎麼辦、很不順利等煩惱的時間，苦惱不已不斷掙扎的時間，以及好不容易找到解套工夫時的那一瞬間。對本人來說，這個部分是最希望別人看到、最希望受到稱讚的部分。

「咦，原來那麼困難啊，你竟然能克服！」被人這麼一稱讚，他就會覺得

「這個人很懂耶！」，而且感到高興。他會覺得能發現自己內在部分的辛苦和努力的人，是「真的懂我」的人。

所以對於下屬的工作也要對他下的功夫感興趣，「嘿，那很有趣耶！」、「哇，原來還有那一段故事。」、「你竟然沒有在那裡放棄，堅持下來了。」、「你怎麼可以一直那麼精力充沛啊！」，並驚嘆不已。這麼一來，他自然會發現用心的重要，以及突破難關後的樂趣。

所以稱讚時不要稱讚外在的成果或成績，而是要稱讚內面的部分。「稱讚」這個詞並未明確指出要稱讚的部分，容易混淆，我們可以換個說法，以對用心感興趣來表示。

對那個人內在的故事感興趣、驚嘆不已，他就會不辭辛勞、不畏苦、願意努力。因為他會覺得「你真的有在注意我」，得以再次確認用心的重要性。

於是工作就變成「用心的舞台」，工作本身變成用心的現場、素材，而且很有趣。這麼一來當然會幹勁十足。

「稱讚」讓下屬變得沒用？

假設下屬做出完美成果，身為主管當然會用期待的態度稱讚他「這個成果真棒」、「我很期待你下次的表現！」，聽了之後如果是會心生「我要做得更好」的想法，更加充足馬力往前衝的熱情下屬，當然沒問題。可是如果不是那麼好強的人，有時可能會有反效果。

這種人可能會想，「這個月不過是剛好有大客戶下單才有這種成績，下個月我很難交出一樣的業績啊！」、「這個月只是不小心衝過頭了，熬夜好幾天，一個月下來就已經累得半死了。下個月如果還這樣搞，我應該會垮！」。

被人家稱讚、期待，又很難開口說我做不到，所以只好下個月也強迫自己再撐一下。可是果然效率就沒那麼好了，也做不出期待中的成果。

然後主管又對自己說「這個月沒那麼理想耶，再加油一下吧！」，壓力源源不絕。自己也討厭成績不如上個月的自己，雖想努力卻又提不起勁，自己都覺得丟臉。明明已經很沒勁兒了還一直強迫自己，最後就是承受不了而爆炸。

下屬做出成績，主管當然想稱讚他。然而站在下屬的立場，那句稱讚聽來就像要求自己「每個月都要做出一樣好的成績」。說不定那是自己傾盡全力的成果，不可能每個月持續，也可能不過是偶然創下的佳績，結果被主管要求要當成日常表現，就會覺得痛苦不已。

結果不但不能心生繼續加油的想法，反而還會因為「難道我得一直這樣衝下去不能休息嗎……」的心情而灰心喪志。沒有心就不會用心，腳步也越來越沉重。嚴重的話甚至可能陷入憂鬱，拒絕上班。

所以主管對下屬不要要求成果，而要要求「用心花工夫」。

主管雖然難免在意成果，但還是要忍住，把注意力放在下屬的用心花工夫，而非成果上。

例如下屬做出驚人業績後，不要有類似「哇！你的業績數字真是前無古人耶！」這種只注意到結果的發言。這就像是對他施壓，暗示對方「接下來也要做出同樣成果哦」，讓他覺得你在為難他，要求他要和那個月一樣努力衝刺。這樣的話下屬當然會疲累，累了就沒有餘裕去用心花工夫，心生厭煩。

取而代之的是詢問他的用心工夫所在。

「這個月你的成績很好，你花了什麼工夫呢？」

如果下屬回答「剛好有個大客戶出現而已，我也沒有特別做些什麼」，那就敦促他繼續用心花工夫，「原來是這樣。這樣的話就很難期待下個月有一樣的好表現了。不過我希望你不要只把這次經驗當成是偶然的結果，而是仔細分析一下為什麼大客戶會感興趣，想辦法運用在之後的工作中。這樣的話，一次的偶然可能慢慢會變成以後的必然哦」。

如果下屬說「這是因為……」，向你報告大客戶下單的契機，你也可以說「那真好，我建議你再花些工夫，想想把這個契機變成必然，而非一次的偶然，要怎麼做才好……」，和下屬一起把這件事當成一個課題。

如果下屬說「這是我熬夜硬擠出來的成績」，那就邊慰勞他的辛苦，「這樣啊，你不要讓自己太累了哦」，再敦促他努力花工夫，「硬撐是撐不了多久的，第一次做可能因為不習慣，要花比較多時間，但想辦法在短時間內完成工作也很重要。下個月你要不要試試縮短工時，專心提高每小時的工作效率看看？」

就算下屬做出驚人業績，背後其實還是潛藏著課題。例如「那個部分如果這樣改善，是不是就可以不用這麼勉強呢？」等等。對於做出成果這件事，要慰勞下屬的辛苦，「你真的很努力」、「不要讓自己太累了哦」，同時要求下屬努力花工夫，「請你把更掌握要領工作當成接下來的課題，努力花工夫試試吧」。

此時也不要要求下屬要做出相同水準的成績。這樣可以讓下屬脫離必須做出成果的壓力，同時發現自己改良還需要磨練的技術的「樂趣」。

如果聽到「其實很多地方我都會想如果再多一些這樣，是不是會更好」的回答時，就對他的用心感興趣，「那個用心工夫很有趣耶，你就試試吧。有了結果再告訴我哦」。這麼一來下屬也會樂於用心工夫。越用心工夫工作效率就越好，也能加深對工作的理解。理解越深，對工作就越有幹勁。因此經常可以體會到「做不到」變成「做得到」那一瞬間的快樂。

這種「不稱讚結果，而是詢問用心、對用心感興趣」的方法，對剛開始主動動作時期的新人有效，對於提振分派到自己部門的資深員工士氣，一樣有效。

我希望主管一邊為下屬越來越積極主動感到高興，一邊快樂地反覆試誤。

原則上會交給下屬處理的工作，只有主管手中的工作，而不是下屬自行決定、自己選擇、自己去找來的工作。所以下屬很容易有「被迫做的感覺」。

所以每次下屬報告「工作完成了」時，主管要儘量找出他的用心所在並表示感興趣，「這裡很有趣耶！」、「這部分可不可以再多花一點工夫啊？」敦促下屬下工夫。至於下什麼工夫，就儘量交給本人決定。這樣的話下屬比較容易心生「主動感」。就算不給下屬業績目標，下屬自然也會做出成果。

一年後到三年後左右

第一年必須由一說明到十，新人才能了解。第二年應該就可以省去相當多說明的步驟了，而且記住工作的速度也變快了。

到了第三年，就算是久久才做一次的工作，也會清楚記得「我做過」。雖然有些部分難免會忘，但只要問一下，再翻翻自己的業務日誌，就可以自己完成。

什麼時候可以開始要求下屬做出成績呢？只要有人這麼問我，我的標準答案就是永遠不要對下屬要求「成果」這種外在的結果。因為只要主管有執著於這種外在結果的心理，就很難培育出可以自行思考並付諸行動的下屬。

人們常用莫非定律「越想要，就越得不到；不想要，反而莫名奇妙就得到了」，來形容令人啼笑皆非的現象。培育下屬或許也是一樣的道理。

下屬要獨當一面，就必須學會以下三件事：

①全面理解基本業務，只要下「你做一下那個」的命令，不用教他也可以做好。
②喜歡存疑，而且有問別人或自己調查以解決自己疑問的習慣。
③學會建立假設，嘗試解決的「假設性思考」。

我國中的恩師常說，「小孩有三種，人家說了才會做、人家說之前就會做、不用人家說也會做」。要培育自行思考並付諸行動的「不用人家說也會做的人」，的確必須花一點時間。

如果主管急著要求下屬「快點給我做出成績來！」，會發生什麼事呢？

這樣會出現一個糟糕的後果，也就是本書介紹的有耐心地培育下屬的方法會因此露出破綻，培養出被動人才。下屬永遠做不到以上三點，所以永遠無法自行積極地做出成果。

換個角度來說，只要學會這三件事，應該就可以獨立工作。就算還有一些不太成熟的地方，也會隨著經驗累積而改變，主管應該可以放心在旁守護。如果能培育出這樣的下屬，下屬自然會做出成績來。

所以我希望大家「放棄」讓下屬早點做出成績的想法。而且為了讓下屬主動自行快樂行動，要持續摸索打造環境及對待下屬的工夫。

追求短期成果無法培育下屬，也做不出成果。還不如好好培養下屬的幹勁、技能、創意用心的彈性，才能更快也更長久地得到良好成果。

西鄉隆盛連自己的命運都交給下屬

話雖如此，如何才能解決主管會擔心下屬的成長、會坐立難安的問題呢？

過去我遇過許多主管很氣憤地表示，「我那麼相信他，他竟然背叛我！」故意朝壞的方向想，其實就相當於「因為他不能如我預期行動，所以讓我生氣」。

夏目漱石是養子。他曾描述過他剛到養父母家時那種不自然的感受。他覺得養父和養母好像在比拚誰比較愛養子，期待他回應「我最喜歡爸爸了」、「我最喜歡媽媽了」。夏目漱石覺得這種「期待」給他很大的壓力。

「我相信你」這句話偶爾隱含著「我認為你會如我預期的行動」的意思。當「相信」這個詞的意思是「期待」時，人就會感受到壓力，好像被迫要按期待行動，沒有一點樂趣可言。所謂「期待」，其實就像是束縛對方行動的無言「指示」，所以會想要反抗，想唱反調。

吳起感動下屬為其賣命，豫讓捨命報仇，趙雲以雷霆萬鈞之勢七進七出長板坡，都不是因為想束縛對方行動的「期待」而行動。對他們的信任，是不同於「期待」的東西。

我認為那種東西接近「委身」。也就是把工作全權交托給下屬，不論結果為何都甘之如飴，我認為是這樣的信任。就算是不好的結果，你也已經努力過了，謀事在人成事在天，這也是沒辦法的事，而且我本來就全權交給你了，這樣就好了。我認為是像這樣的信賴關係。

西鄉隆盛[注]對人的信任好像就是如此。他不會囉嗦地要求下屬要這樣做、那樣做，而是相信下屬並交托給他。就算得到不好的結果，他也會接受，認為「這也是沒辦法的事」。下屬感受到西鄉隆盛把自己的性命都交在他們手上了，於是死命要創造出好的結果，要回應西鄉對他們的信任。

這種「讓人想回應的信任」，或許也接近「祈禱」。《清秀佳人》中描述養父馬修永遠笑著守護安妮的一舉一動，安妮傷心時他急得茫然不知所措。對於安妮決定的事，馬修只會同意「這樣就好」。於是很自然地安妮就想回應馬修這份信任，成績名列前茅，成長為一位極具魅力的女性。

馬修只要看到安妮幸福的樣子就感到高興，看到她悲傷就會焦急得不知所措。他經常祈禱上帝讓安妮「一輩子幸福」。我想如果能得人如此信任，任何人都會想回應這份信任。

《清秀佳人》是一部虛構的小說，也不過是一部小說而已，或許用這種不真實的東西為根據並不妥當。可是歷史經常經過粉飾，有背離現實的一面。打動人心的小說，正巧妙反應出人類的心理。

西鄉隆盛、吳起等許多歷史人物之所以可以感動下屬奮發圖強，正是因為這種「委身」的信任、類似「祈禱」的信任。這不同於想讓對方如自己預期行動的「期待」。我希望大家千萬不要弄錯這一點。

注：日本江戶時代末期的武士、軍人、政治家。

評價下屬的四種方法

很多企業每年都會進行一次人事考核，評估下屬的績效表現。和下屬面談，評估他這一年來的表現，讓他明年也能幹勁十足地工作，這是一個重要的機會。

雖然很多企業會進行年度人事考核，但會將考核結果反應到薪資的企業並不多。很多企業就只是告訴下屬，「今年你很努力，明年也請繼續努力」而已。如果工作表現真的很差，考核時還是會被訓斥，所以對下屬來說還是有一定程度的緊張感。

如果像職棒選手一樣，人事考核左右調薪結果時，那就有問題了。我想本書讀者中，或許也有既是主管又是經營者的人。如何設定薪資金額才能讓下屬積極主動工作？甚至在考核面談現場該如何和下屬溝通？我想不少人都有這種煩惱。

因為我沒有這種經驗，這個問題我只能憑自己的想像來說。這一節我想參考在外商公司上班的友人經驗等，思考「自行思考並付諸行動的下屬」這個問題，和人事考核的問題可能有什麼樣的關聯性。

①加薪就可以讓下屬幹勁十足？

如果你以為多付一些薪水就能讓下屬積極主動工作，就像是在馬前方吊著一根紅蘿蔔刺激牠前進一樣，那就要小心了。如果你抱著這種想法，通常都不會有好結果。事實上我常聽人感嘆明明給出高於期待的薪水，但下屬反而不工作了。為什麼會發生這種事？這是因為身為主管的你對下屬有所「期待」。

付出高薪水的你，當然會「期待」下屬要因此努力工作做出成果。當下屬感受到主管的這種「期待」時，依照性格不同，可以分成兩種反應。

性格原本就很積極的人，會把主管的「期待」當成「挑釁」，「搞什麼啊？你對我只有這種程度的『期待』嗎？別小看人了。我一定要超出你的『期待』，讓你刮目相看」，揚言要做出讓主管驚訝的成果。然後在瘋狂努力後獲得極佳的考核結果，很自豪地想「你看吧！」這也正是主管期待的結果。然而會有這種反應的下屬，十人中頂多只有一人。

大多數人受人「期待」時，都會感到有壓力。萬一不如他的期待怎麼辦？萬一我努力後還是不行呢？事先感到不安，於是工作變得很痛苦，心情沉重，提不起勁來，結果表現當然變差。

成為經營者或業績優異成為主管的人，很多人都是前者。因此對於提供高薪這種「期待」，誤以為下屬或員工會和自己一樣奮發圖強，「交出超乎期待的成績」。然而事實上大多數人都屬於後者，意志不堅強，抗壓性不高，一被人「期待」，就連原本應有的能力都發揮不出來。

如果下屬的性格屬前者，或許適合「用紅蘿蔔引誘馬兒」的做法，按成果表現支付薪資，讓他越來越努力。不過如果性格屬於後者，「期待」他「要做出成果哦」，下屬可能會被壓垮。

要讓後者的人幹勁十足地工作，必須用其他方法。光靠薪資多寡就想讓下屬積極主動工作，有點太自以為是了。

大多數意志不堅強的人，只要能領到手頭略顯寬裕的薪資就會「安心」。

「安心」是激發幹勁的基礎，不讓下屬安心很難讓他（這種性格的人）有幹勁，所以對意志不堅強的人來說，支付一定的薪資還是有其意義存在。問題是身為主管的你會產生「既然付你薪水了，你就要認真工作啊！」的期待心理。

只要是成人，做好工作就是天經地義的事。當然肩扛別人的期待並不有趣。期待像是壓力，是工作不快樂的原因之一。

因此如果主管想提振下屬幹勁，與其靠薪水，不如注意平常溝通交流的方式。平常就要敦促下屬對工作用心下工夫，增加「做不到」轉變成「做得到」的瞬間，讓下屬能樂在工作。可以做到這種程度，意志不堅強的人也會積極面對工作。

前面介紹的歐文的例子，支付勞工可寬裕生活的薪資。然而對他來說，薪資不過是讓勞工產生幹勁的「基礎」，他也不認為光靠薪資就可以刺激幹勁。透過「做不到」轉變成「做得到」的喜悅，巧妙地刺激上班族的成長需求。最有幹勁的時候就是覺得工作本身很有趣的時候。

薪資考核是主管心中最容易產生「期待」的時候，所以請大家務必小心。考核時不要「期待」，平常和下屬溝通交流時也不要「期待」，把注意力放在下屬的用心工夫、努力、辛勞上，並記得要針對這些部分給予好評與認可。

②如何評價新人？

特別是主管如果用業績來考核新人的薪資，那一定會出事。因為新人還沒辦法為公司賺錢。

一般來說在日本僱用一個員工，員工必須回饋一千萬日圓的營收。新人幾乎不可能一開始就有這種成績，光要學會工作就已經使盡全力了，很難有業績。工作約三年左右時，員工創造的業績一般都少於公司支付的薪資。

因此如果薪資反映業績，下屬將無法維生。新人時期公司必須把培育的成本當成「投資」，支付他們能讓生活有些許餘裕的薪資。

新人很難用成果、業績評價，而且評價的點也必須要花點工夫。

第一年是不是很熱心地學習、記住工作呢？

第二年是不是逐漸學會工作了呢？

第三年是不是沒人指示也能夠完成自己的工作呢？

也就是說，最好把評價的重點放在下屬內部累積了什麼，而不是業績。如果希望下屬到第四年開始可以獨當一面後，能成為一個「自行思考並付諸行動的下屬」，為公司賺錢，最好就要把是否能培育出一個積極主動工作的下屬，作為考核時的評價基準。

如果我要培育下屬，也要負責考核時，在剛開始的階段我會對第一年的新人這麼說：

「進入第二年後，你必須能完成某種程度的工作。因此關鍵就在於第一年你能學會多少工作。第一年反正就是確實記住所見所聞，請你記住這一點。」

一開始就把第一年應該注意的事告訴新人，讓他能想像自己第二年的樣子。

第二年、第三年也一樣。

「第三年時即使沒有我的指示，你也必須能完成工作。所以第二年的今年，必須以你為主，實際動手完成並學會工作。」

「過了整整三年，一般來說你應該可以獨當一面了。所以第三年的今年，目標就是即使沒有我的指示，你也能自己判斷並完成工作。不懂的地方當然可以問我，但你必須經常以『如果主管不在』為前提工作。」

像這樣讓下屬想像一年後自己的成長狀況，以當年度自己大概應有的成長為目標去工作，這樣比較理想。

③老鳥、資深員工的相處之道

下屬比主管經驗更老道或更資深，也是現今常見的狀況。此時必須給予下屬充分的尊重才行。

對這種人用命令口氣要求他「這樣做、那樣做」，可能讓他心理不愉快，覺得「你懂個屁啊」，影響幹勁。對於資深員工最好用商量的態度，「讓他自己說」比較好。

「如果是〇〇的話，不用我說你也很了解這個行業了。接下來推出什麼樣的企畫比較好呢？你能給我一些意見嗎？」

溝通時採用前面介紹過的產婆法，資深員工大概會提出「那樣做如何」、「這樣做如何」之類的提案吧。你只要虛心請教，「也可能有這種狀況，如果這樣你覺得該怎麼辦才好？」對方應該會給你許多意見吧。

最後再說「你的意見真是太有趣了！可以請你立刻著手處理嗎？」因為是他自己說出口的意見，他應該不會覺得厭煩，而是躍躍欲試。

考核時最好也用這樣的方式溝通。你可以對他提問「今年的那件事，你的著眼點十分有趣耶」、「你認為明年業界會有什麼課題？」等，詢問他的想法，對他的想法表示興趣，再誘導他說得更多。然後一邊他說，一邊思考該讓他做什麼工作，再針對那些工作請他提供意見。

最後再拜託他，「你的想法很有趣耶。那麼明年可以請你務必接下這件事嗎？」因為是他自己說出口的意見，他應該也有意願想試試。

考核不是「對去年的工作論罪」的場合，希望大家把這個場合當成「銜接明年工作」的場合。雖然考核時大家的注意力很容易被成果、結果等外在部分吸引，但我希望大家把考核當成一個思考的機會，今年的努力、辛苦、用心工夫得不到回報，是哪裡出了問題？明年又應該如何改善才能克服？

如果考核讓下屬覺得有如上閻王殿受審，那麼本書提到的技巧也都無用武之地了。

④決定薪資是個大問題

活躍在成長可期的領域，如以網際網路為主戰場的公司等，付高薪給有能力的員工，以換取員工為公司賺大錢，是合理的做法。「用高薪確保優秀人才」在這種成長領域有其合理性。

然而就算是這種成長可期的網路公司，也有後勤員工。用成果主義要求後勤員工沒有任何意義，反而應該給出還算滿意的薪資，請他們認真工作。所以用成果主義來決定這類型員工的薪資，並不合理。

當然這也會因業界而異。例如食品業，人的胃就那麼大，某種新商品大賣時，通常就意味著其他商品的營業額大受影響。像這種領域就要重視基本的人氣商品，同時因應味覺的變化推出新商品，以免失去「胃」的占有率。這種業界全體不太會有大幅度的成長（因為胃的大小有限），所以也不容易導入成果主義。

說到底「成果主義」或許是未能充分理解人類心理時的膚淺想法。拋越多餌就可以釣到越多魚的想法，有點把人類想得太簡單了。

狗狗也一樣，光用飼料就想改變牠的行為，結果很可能是狗吃完飼料就走了。當眼前有誘餌時，注意力就被誘餌吸引了，完全忘記要得到誘餌的條件（要做那個、要做這個）。就像是小孩子吵著說「給我買電玩！我會乖乖唸書的！」然後拿到電玩就把唸書這件事拋到九霄雲外，是一樣的道理。

用報酬想左右一個人，他的目光會被報酬吸引，注意力不會放在工作上。這或許是生物共通的心理。

如果希望下屬努力工作，最好的方法就是讓下屬覺得工作本身很有趣。用薪資左右下屬的做法，很難直接和激勵產生連結。

我想大家可以把薪資當成是讓生活有餘裕的「安心費用」。所以當然必須支付能讓員工安心生活的最低限度金額。但安心只是提高幹勁的基礎，並非幹勁本身。提高幹勁應該採取薪資以外的其他方法。我希望大家能了解這一點。

到目前為止本書告訴大家「不要給業績目標」、「不要要求下屬做出成果」，這些都是一般認為無理的要求，有些人可能會想「那根本不可能」、「不給出數值目標，下屬也不知道該多努力才好啊？」，這麼想也是理所當然。

因此接下來我想介紹另一種不給業績目標，卻能提升下屬挑戰意願的方法。

也就是有一點挑釁的方法。

「一年要拿下三件這種程度的案子，真是難如登天哦！」、「這件事至今還沒人能完成一百件」。先說出這種「看來根本不像是新人做得到的事」，然後再說「啊，這種要求根本是亂來，你把它忘了吧」，反而會讓下屬心中生起「我偷偷努力一下達成那個目標吧」的挑戰心理。

沒人期待我，也不覺得我做得到。如果我真的做到了，那就太了不起了。有這樣的課題時，人們就想挑戰看看。心裡會想著反正失敗也沒損失，那就做做看吧。

什麼樣的形式出示的課題，會讓人們樂在其中呢？我們當然要好好利用這種心理。年初開始部門被設定業績目標後，如果只是告訴大家「無論如何我們一定要達成這個目標」，好像是每個人的義務一樣，大家只會變得心情沉重。

「唉，能達成這個目標真的很厲害，但不可能吧……」

如果身為主管的你這麼「唸唸有詞」，聽到的下屬就會想挑戰看看。所以主管不是給下屬業績目標，而是提出一道讓他們覺得有挑戰價值的「牆」。

此時就算無法達成那個「不合理的目標」，應該也可以得到不俗的成果，讓人覺得還好有去挑戰吧。

下屬之間不互相競爭也會動起來

到目前為止，本書談的都是培育自行思考並付諸行動的下屬的方法。主管手下常有多位下屬，所以本章最後要談的是如何認真對待多位下屬。

到目前為止，我個人並沒有跟下屬說「你要學學他！」然後成功的經驗。說了之後就算自己覺得糟了，也來不及收回了，反而讓下屬覺得「反正你就是覺得我沒用」，不想再理我。而被稱讚的下屬反而會志得意滿，甚至變得驕傲。用比較的方式想讓下屬拿出幹勁，大多不會如願以償。

經濟學很喜歡用競爭原理這個詞彙。你看，大自然就是遵照競爭原理運行，弱肉強食，現實很嚴峻，所以只要讓能在競爭中存活下來的人活著就好，這麼一來大家才會為了活下去，拿出吃奶的力氣努力等等。

的確，在現實社會中，公布業績是天經地義的事，公司也必須在股東大會上揭露業績，被拿來和其他公司比較，拚命地想生存下去。就算心裡不去想同期員工中誰會是最早晉升的人，但還是免不了競爭。

藝術團隊teamLab公司負責人豬子壽之上NHK的E頻道節目「日本的兩難」時，曾留下一句發人深省的發言。「日本人不擅長個人競爭，但如果是團隊競爭就會鬥志高昂」。我想很多人都同意他的看法。怎麼可以輸給對手公司呢？這種競爭心態強化了公司內部員工的同儕意識，容易激發幹勁。所以讓小組或團隊互相競爭，並不是一件壞事。

然而個人之間的競爭除非條件齊全，否則通常不會順利。個人之間的競爭可以激發幹勁，這只會發生在日本或全球頂尖人士競爭國家代表隊或專業團隊固定成員的寶座時，或者是十分好強不願認輸，原則上一直都是「勝利組」的人身上。

只要站上高位就可以領取高薪、成為名人，或得到「我是全球第一」的壓倒性自我效能等「報酬」，所以幹勁十足。而且喜歡競爭的人原則上都毅力十足，也是經常勝出的人。這種人聽到要競爭，反而會燃起鬥志。

然而除了頂尖運動員外的多數人、失敗經驗也很多的大多數一般人，聽到個人之間要競爭，常常因此士氣低落。因為失敗時不但不會發奮圖強，反而會更灰心喪志，覺得「反正我就是……」。

頂尖運動員的談話中常提及競爭原理。職棒選手為了爭奪先發寶座激烈交鋒，曾擔任過日本、中國、英國水上芭蕾國家代表隊總教練的井村雅代，也會讓選手們互相競爭，他們都活用了競爭原理。這些談話對我來說，都是很寶貴的參考資料。然而這些人之所以可以在競爭原理下努力不懈，是因為他們眼前有「光榮舞台」這塊大餅。光鮮亮麗的職棒選手，背後隱藏著許多失敗選手的淚水。我們也常聽到許多選手不得不放棄職業選手這條路，卻茫然不知自己今後還能做什麼的故事。只要在競爭中失敗，士氣很容易被連根拔除。

可是職棒或職業足球等競技項目還是可以運用競爭原理，正是因為有「光榮舞台」的存在。不管多少明日之星殞落，甚至被用過就丟，還是有許多新人為了追求榮光聚集而來。這種狀況下不導入競爭原理，反而無法分配這塊大餅。這是一種特殊狀況。

大家所處的公司又是什麼狀況呢？如果是全日本民眾都嚮往的「光榮舞台」，或許也可以導入競爭原理。然而大多數工作都來自腳踏實地，無法追求榮光的公司。全日本又有多少公司敢發下豪語：「你不來就算了，排隊等著進我們公司的人還很多」呢？如果不是這種公司，我建議還是不要輕易導入競爭原理比較好。

業務員是比較容易運用競爭原理的工作。因為每個月公布業績，自然知道誰的業績最好。不過即使如此，也不能輕易運用競爭原理。因為如果你負責的區域剛好是誰來做都做不好的區域，業績根本不可能拿第一。可是如果業績又是唯一的評價標準，當然沒人願意去負責那種區域。但公司又不能放著那個區域不管。

此時主管必須理解負責難做區域的人處於不利的立場，同時儘量以努力與否為評價基準。不然的話負責的業務員一定會鬧情緒。如果業績表現會因負責區域而不同，與其比較業務員的表現，不如和同一區域去年同期的業績相比，判斷業績表現優劣，這樣更為公正吧。

我沒有全盤否認競爭原理的意思。如果對小男孩說，「我們來比賽誰比較快跑回家！」他會很高興地開始跑回家。連小朋友都有挑戰心理，表示競爭還是有樂趣存在。我們看奧運賽事覺得感動，應該也是這個原因。所以也不應該全盤否定競爭。

然而競爭原理就像是一把銳利的刀，用錯地方、用錯場合會出大事。前面也提及團隊競爭可以讓人充滿幹勁，士氣高昂。只要最後能獲得寶貴的光榮，個人之間的競爭也會讓人躍躍欲試。可是在日常業務中讓個人之間競爭，會影響大多數敗者的士氣，連帶影響到全公司的表現。

我想大家最好認知到互相競爭、比較的行為，對活在日常中的我們來說幾乎沒有任何幫助。

拿一個人和別人比較，希望他因此發奮圖強的方法，弊多於利。不如想方設法讓每個人都可以發奮圖強，在大多數情形中反而可以有效地培育人才。

如何和多位下屬相處？

我清楚記得某人來找我商量時的事。「怕人家覺得我偏心，所以我很小心地用一樣的方法面對所有人，結果反而被人說我四面討好。我聽到時大為震驚。現在我已經不知道該如何是好了。」那時我真的不知道該怎麼回答他。

下屬最討厭的主管行為，第一名就是偏心吧。明明業績一樣好，自己卻得不到主管好評，士氣一定大受打擊。而被主管偏愛的下屬也可能因為怕和同事處不好，覺得主管的偏愛很困擾。所以大多數人都希望主管能公平對待下屬。

相對地對於業績優良的下屬，也和其他人一樣一視同仁，待遇也相同，就難免落入「四面討好」的口實。為了不想讓下屬討厭而努力公平對待大家，結果雖然沒被討厭，卻被當成笨蛋。「但我實在很害怕被人討厭，不敢輕易嘗試啊」。

偏心被人討厭，一視同仁又被人看輕。那到底該如何是好呢？我想不少人都有這種困擾。

後來我聽到一句話，我覺得可以當成解決這個問題的線索。也就是「公平的偏愛」這句話。這是在我把NHK的E頻道節目當成背景音樂在聽時，出自教育學家之口的話。不只一個小孩的媽媽，偶爾會有小孩為了獨占媽媽而吵架的煩惱。如果安慰其中一個，另一個就會撒嬌耍賴；安慰另一個，換其他人撒嬌耍賴，沒完沒了。要解決這個困擾，「請偏愛眼前的小孩。此時就把其他事全部忘記。而且請確保每個小孩都有被你偏愛的時間，短時間也可以。這麼一來每個小孩都會覺得『媽媽真的有在注意我』而穩定下來」。這就是所謂的「公平的偏愛」。

我們出乎意料地無法「認真對待一個人」。比起眼前的人，截止日期快到的工作更能吸引我們的注意力，也很在意別人的視線。注意力很容易被旁的事物拉走，反而很難認真對待眼前的人。

而且人類好像能敏感地感受到這一點，立刻會知道這個人和自己講話時，心裡在想著其他事，然後就會心生不滿，「你根本沒在聽我說話」。

不過不論多忙，也不論時間多短，只要展現出認真對待對方、努力理解對方的態度，對方就會感受到「你有想要正視我、理解我」。

即使有多位下屬，要讓下屬覺得「主管對我們是公平的」、「主管真的有在注意我」，就是和下屬相處時，只考慮眼前這位下屬的事，並盡力去理解他，在那一瞬間，其他的事都不要去想。

只要能全心全意對待對方，就算不會說話、沒有好點子也無所謂。對方可以接收到「他非常努力地想理解、了解我」。光是這樣就可以給人很多勇氣了。

《韓非子》〈外儲說 左下〉中有一段有趣的內容。孔子的弟子子皋做了一個判決，砍掉犯人的腳。有一天孔子被懷疑叛國，和弟子們一同出逃國外，但子皋跑太慢了，結果被他砍腳的人救了他。

子皋問他：「我判你重刑砍了你的腳，你為什麼還要幫我？」結果他說：「我被砍斷腳，是因為我犯了罪，這是沒有辦法的事。但你對我的犯罪原因表示理解，審理時也努力爭取從輕處理，這些我都看在眼裡。定罪後你表情沉重，覺得對不起我，我看見也知道了你的心意。我很高興你有這份心意，所以才會出手救你。」

知道有人極盡所能想要幫助自己，每個人都會很高興。人生在世也很少有機會能遇上這種人，所以會格外珍惜。全心全意認真對待自己的人，真的是很寶貴的存在。

山崎豐子的《大地之子》，主角是被遺棄在中國的日本戰爭孤兒陸一心，他的中國人養父拚命地支持他。他的養父沒唸過多少書，也沒什麼社會地位。但為了主角卻能捨棄所有，一心幫助他。書中也描繪了主角打從心底尊敬養父的樣子。陸一心感謝中國人義父無條件的信賴，不斷地努力，最終成長為技術能力高超的人。

人會打從心底感謝全心全意為自己著想的人。這本小說鉅細靡遺地描述了這種人類心理。就算不是特別優秀的人，是無名小卒，只要願意全心全意對待自己，自己就會知恩圖報，這好像就是人類的心理。

不會說話也沒關係。「我很想幫上你的忙，但卻不知該怎麼做才好，實在很著急」。只要傳達出這種態度，對方自然會產生「啊啊，謝謝你」的心情。

另一方面，「我可是為了你才這樣做的啊」，這種希望對方感恩戴德的言詞和態度，會讓人覺得沒有真實感。明明大概都是為了自保或有利害關係才這麼做，卻說得好像是給別人一個了不起的恩惠一樣，只會讓人抗拒。

人類十分敏感。這個人是不是只看著自己在說話，還是有什麼其他理由才這麼說，其實人都感受得到。

「可以耽誤你一點時間嗎？」當下屬對你這麼說時，你應該會停下手邊的工作聽他說吧。此時你是一邊擔心剛剛手邊的工作一邊聽，還是完全忘記剛剛手邊的工作專心聽，成為下屬判斷「主管有沒有在聽我說」的基準。

聽下屬說話時，最好儘量正面面對他，不要同時想著其他事。如果一週能給每位下屬一段這樣的時間，每位下屬應該都會覺得主管「有在看我做的事，有在聽我說的話」吧。

讀到這裡，我想讀者們應該都知道不拿下屬互相比較，並能讓每個下屬都積極熱情工作的方法。因為本書從頭到尾都在談這種方法。

第5章

九大應對煩惱的方法

最後一章要談談其他應注意的一般事項。

「不要太努力了」的體恤讓我得以努力

「這麼逼自己會搞壞身體的，還是要適度休息吧！」有人對自己這麼說時，自己反而會更想努力，這是為什麼呢？

反之當有人說「再努力一下吧」時，反而會覺得煩而不想努力，這又是為什麼呢？人類真難伺候啊！

「請你不要太過努力」這句話，反過來想就包含著「我知道你已經非常努力了」的意思。「請休息吧」這句話則傳達出承認「你已經努力到快到極限了」的意思。有人對自己這麼說時，自己會因為努力被人認可而感到高興，進而產生「我要再多努力一點」的意願。

可是「再努力一下吧」這句話，卻傳達出「我覺得你沒有努力」的意思。我明明這麼努力了，你卻沒看到，於是心生反彈，而且也因為自己的努力不能獲得認可，心情低落而無心工作。

聽來或許覺得很奇妙，不過如果你希望一個人努力，最好說「不要太努力了」比較有效。

我用個淺顯的例子來說明。我有個學生因為過去工作太努力而疲累不堪。為了跟上前輩指導的速度，他使盡全力，無法按自己的步調工作，疲累不斷地累積，到最後開始對研究本身心生厭惡。然後指導他的重擔就落在我身上。

我跟他說：「你一個月別來研究室。好好休息。去玩。」禁止他出入研究室。其實一個月的空白對研究人員來說，可是巨大的損失。但以他疲累的程度，再加上他因此開始討厭研究，來了也不可能把工作做好。

一個月後他回來時，感覺已經徹底轉換好心情了。至少他已經不再那麼疲累。但是還有一個問題，也就是他對研究的厭惡還是存在。他自己覺得「我可能變得討厭研究了」，可是不做又畢不了業……本人好像也很煩惱。

所以我告訴他兩件事。第一就是每天早上自己想好今天要做什麼，然後向我報告。第二就是到了傍晚五點，不管事情是否做到一半，一定放下手邊的工作回家。

一大早他就來報告今天的預定工作了。不過可能是顧慮到我這個指導者吧，上面寫的工作量根本不可能在傍晚五點前做完。「你很久沒做實驗了，應該做不了這麼多。把這個和這個刪掉吧。今天就好好做這個和這個。」

結果他反而覺得很不安。做那麼少可以嗎？不過果然如我所料，因為太久沒做實驗了，他花了很多時間，到了五點仍在作業中。「好了，今天就到此結束。你快點回去吧。」

這種狀況一直持續下去，不知不覺地他對研究的厭惡感消失了，反而累積了「我明明想多做一點，老師卻不讓我做」的挫折感。

等到他回歸研究一個月左右，他終於主動要求「今天我要做這個和這個。請讓我做。」內容看起來不可能在五點前完成。我這麼告訴他，他說：「今天無論如何我都想把這個做完。」「這樣啊，那你不要做到太晚哦。」

到了傍晚五點，果然他還在繼續作業。我說：「五點了哦。你不要太勉強自己，早點結束吧。」「我今天想把這些全部做完。請再讓我做一下。」「這樣啊，那你不要太勉強哦。」雖然超過時間了，但他看來從早到晚都很專注在工作上。

之後他的幹勁完全恢復，每天都很專注工作，工作效率極佳。休息一個月及將近一個月熱機時間造成的進度落後，他也全追回來了。

只要能按自己的步調，做自己思考後的內容，人好像就可以把工作當成「自己的事」，而且充滿幹勁。

反之，如果是別人想的內容，而且必須照別人的步調工作，工作就像是「別人的事」，不但會喪失幹勁，而且還渾身無力。

如果希望下屬自動自發地努力，就要儘量讓他自己去安排工作，或者讓他實際感受到這件工作反映了自己的想法。告訴下屬「不要太努力了」，說不定是很重要的一件事。

截止期限的想法、傳達方法

和下屬相處時，常常必須對交給下屬的工作設定截止期限。此時我希望大家注意設定截止期限時，要考慮到下屬能消化的內容、業務量。如果內容很難，難到下屬可能根本做不到，或是一天不可能做完的業務量，或是短到根本無法遵守的截止期限，只會讓下屬覺得無力，工作變成痛苦。

主管必須衡量現階段下屬的技能、處理能力，設定工作內容、業務量、截止期限。而且指示下屬時一定要給下屬留一些餘裕，最好不要把下屬逼到極限。

被逼到極限的下屬，心情當然沒有餘裕，很難得到自我效能。如果急著催嬰兒「你怎麼還只會爬！站起來！你給我站起來！」嬰兒甚至可能排斥站起來這件事。要得到自我效能就必須有餘裕（《匱乏經濟學》一書中所謂的Slack＝餘裕。不會不安、擔憂、掛念的狀態。寬裕的心理狀態）。

我不知道要給多長的期限及多少業務量啊！如果你這麼想，就表示你還未實踐本書到目前為止的說明。如果你教育下屬時，是逐一讓他學會每項業務，你應該可以推測出現階段下屬的實力。你應該會知道「之前教他做這件事，他花了這麼多時間，所以設定期限時就再多留二成時間讓他緩衝吧」。

如果你還是猶豫，那就不要自己一人決定，問問下屬「這件事你覺得多久可以做完？」「如果是這個期限，或許可以完成……」。只要根據下屬自己回答的期限，再留些緩衝時間給他，就可以設定期限了。

不過人生不如意事十之八九。所以可以先告訴下屬，「中途如果覺得趕不上交期，就早點告訴我」。

因為是有餘裕的期限，或許下屬會拖到快到期才開始工作。為了預防這種狀況，就先打個預防針。

「雖然期限內交出就好，但如果你能早點交，對我幫助很大。」

這麼一來下屬大概都會提早完成。因為聽到別人說「對我幫助很大」，一般人就會產生我一定要幫上忙的心情。而當下屬真的很快完成時，主管也比較容易傳達感謝之意：「謝謝你！真是幫了我大忙！」累積這種受人感謝的經驗後，自然會習慣儘早完成工作。處理速度越來越快，工作也越來越熟練。

只要設定不勉強的內容、寬裕的截止期限、可達成的業務量，下屬也更容易儘早達成。當下屬提早達成時，主管也更容易表達感謝之意，「很感謝你幫我趕出來了」。而一被人感謝就會生出「下次我會做得更好給你看」的衝勁。這也就是教練技術中所謂的「強化」。指派工作時留些餘裕，可進一步強化令人滿意的行動。

當下屬主動報告可能趕不上交期時，就要認為原因出在應教給下屬的技能知識，未能事先讓下屬學會，所以要和下屬一起找出不足的技能知識。然後下次就從學習這些不足的技能開始吧。

如果是因為技能或知識不足而來不及，下屬應該在很早的階段就會因不知該從何下手，而陷入思考停止的狀態。主管必須儘早察覺這個狀態。如果能確實掌握下屬目前的水準，你應該也會發現「可能還有點太早了」。所以請大家儘早發現下屬的徬徨迷惘，並為了交給他還嫌太早的工作向下屬道歉，一起掌握還缺少什麼技能吧。

不用把這種狀況當成失敗。正因為有了「想做做看卻做不到」的體驗，才更容易掌握還不足的技能。你反倒應該高興，因為成長的課題因此更明確了。

此外下屬沒有任何報告，卻趕不上交期時，就要分析並掌握狀況。中途自己真的沒有機會問問下屬，掌握狀況嗎？為什麼下屬不敢老實地來報告呢？自己是不是給人很難溝通的印象？如果是，又是什麼樣的態度讓下屬有這種印象呢？然後找出下次當下屬發現很難遵守交期時，會毫不猶豫地前來報告的方法。

不過我希望大家儘量避免出現這種狀態。下屬也會手足無措，甚至可能造成顧客困擾。所以像前面說的，重要的是要儘早發現下屬陷入思考停止的狀態，掌握下屬還未能充分學會的技能。

即使如此，下屬還是有可能不來報告又趕不上交期。此時可以告訴下屬：「我也有責任，因為中途未能發現你很困擾。我可能給人很難說實話的印象。如果是這樣，事情變成這樣還是我的錯。不過我希望下次你能提早和我商量。真做不到就老實說，這並不是什麼丟臉的事。我也會好好聽你說。」

如果造成顧客困擾，就陪同下屬去道歉，然後和下屬一起分析為什麼會是這樣的結果。

下屬如果陷入思考停止的狀態，那就表示身為主管的你錯估了下屬的成長程度。下一個課題就是掌握下屬缺乏的技能，並讓他學會。總之主管千萬要小心自己的言行，不要讓下屬受到太大的打擊，甚至灰心喪志。

讓下屬工作有餘裕，緊急的工作當然就只能主管自己做了。也就是說在培育下屬的期間，的確會加重主管的負擔。主管自己工作時也必須給自己留下餘裕，因為沒有餘裕就不可能培育下屬。

主管要避免自己工作過量而爆炸，並讓下屬工作有餘裕，關鍵還是在於「不要有所期待」。「快點成長我才能輕鬆啊！」如果用這種心情看下屬，就只會注意到下屬成長緩慢的部分而一肚子氣。下屬從昨天到今天沒有絲毫進步，這也是理所當然的；結果必須自己一個人處理，這也是沒辦法的事。主管如果有這種覺悟，自然不會生氣，也能用比較寬容的心情對待下屬。

祈禱下屬確實成長，但不期待下屬儘快成長。祈禱和期待雖然很像，卻會讓自己的態度有很大的不同。用哪種心態對待下屬，決定了主管能處之泰然，還是焦躁不安大吼大叫。

即使下屬有幹勁，也別期待他永遠電力滿滿

察覺到「主管認為我是幹勁十足的下屬」這種「人設」時，下屬很難自行脫離這種「人設」。因此即使主管因為「這傢伙很有幹勁」而不斷地交辦工作，下屬也很難把「我不行了」說出口。明明已經很煩了，又必須勉強自己完成工作，讓人疲累不堪，最後甚至可能陷入憂鬱。

所以主管就算覺得這位下屬很有幹勁，也不能讓他全速工作。主管必須控制好韁繩，調整下屬的工作量維持在八成左右。當主管說「不要太累了，做到這個程度就好吧」，下屬反而覺得「我還想多做一點說」，最好維持在這種狀況。

讓下屬維持工作很快樂、很想多學一點的心情，幹勁才能持久。

主管最好忍下希望下屬多做一點的心情，控制好韁繩，不要讓下屬工作過量。這種幹勁十足的人會試圖在八成的時間限制中完成十成的工作，所以給他們設限反而剛剛好。

提醒下屬時的基本想法

提醒、斥責是個大難題。要探討這個問題可能就可以出一本書了，所以這裡只提供基本想法，之後請大家在實踐中磨練自己的技術。

提醒和斥責必須看下屬的性格，謹慎行事。「習慣被罵」的人一定不多。有人非常討厭被人提醒或被罵，也有人被人提醒或被罵了就不知所措。這裡頭又有兩種對比的性格。

第一種性格是一絲不苟，希望事前做好所有準備，很討厭失敗。所以非常討厭被人提醒或斥責。如果被人嚴厲提醒或斥責時，就會憤怒不平，「這個人在搞什麼啊？不用說到這種程度我也知道啊！發現失敗時我就已經充分反省了，為什麼還要棒打落水狗？這樣只會讓我很生氣啊！」不小心的話可能被記恨一個月以上。

對於這種性格的人，與其提醒或斥責，不如給他暗示，讓他自己發現更好。通常本人都不太願意承認失敗，所以暗示後就算看到他裝傻「沒有啦，我沒有失敗啊？你在說什麼？」主管就把他這種反應當成人性，一笑置之吧。

第二種性格則是很容易退縮。一旦被人提醒或斥責就會反應過度，「對不起！對不起！啊啊，我真沒用啊……」意志消沉，然後不敢再嘗試同樣的工作。

這種性格的人也很難去提醒他。所以主管也要小心提醒的方法，必須儘可能溫和，冷靜慈祥地告訴他「這雖然不是什麼大不了的事，但我還是稍微說一下哦。」如果他露出很害怕的樣子，就安慰他「沒事沒事，不用那麼在意啦。」這種人缺乏被人包容的經驗，很容易心寒，所以必須讓他溫暖起來。

不提醒，用提問讓他發現

如果是還有挽回餘地的失敗，例如雖然搞錯業務步驟，但只要重做就好了這種程度的失敗，「提醒」他就夠了。如果想培育出「自行思考並付諸行動」的下屬，在提醒時也要花些工夫。我希望大家最好不要劈頭就罵，像是「剛剛不是再三提醒你了嗎！你一點都不懂！」這種方式或許可以稍稍滿足你的報復心理，但這種說話方式會傷及下屬尊嚴，無助於培育「自行思考並付諸行動」的下屬。

原則上用「提問」讓對方自己想，會優於「提醒」。因為後者常常會一併說出該如何做的答案。

序章曾提到諸葛亮再三叮囑馬謖「絕不可上山紮營」，結果反而讓馬謖反彈，故意上山紮營的故事。如果當時諸葛亮問馬謖：「上山紮營會有什麼問題？」馬謖應該可以立即發現問題所在。然後因為「答案公布前自己就想到了」，願意照自己想到的答案去做。如果有人先告訴你答案，你反而會想反著來。人類就是這麼彆扭的生物。

所以我希望主管儘可能用「提問」來取代「提醒」：

×「不是這樣！我明明叫你這樣做！」

○「嗯？這樣就好嗎？」

×「你為什麼不會多想一點！明明這樣做比較好！」

○「哦，你要那樣做啊，有沒有更好的方法呢？你有沒有什麼發現？」

傳達嚴肅事項時

如果是無法輕鬆帶過的嚴重失敗、問題時，最好換個地方，到別人聽不到的地方談。沒必要讓下屬在其他下屬面前丟臉。

如果在大家面前跟他說「你捅出一個大紕漏！」比起你說的話，下屬反而更在意其他人的眼光，「這有必要在大家面前說嗎？」因而更恨你。你或許有心懲罰他，讓他在大家面前丟臉，知道自己犯的錯，但這對於培育出「自行思考並付諸行動」的下屬，可說是一點用也沒有。

不論多麼嚴重的失敗，我希望主管能先和下屬一起冷靜分析哪裡嚴重、如何嚴重。只要平常落實用提問取代提醒，讓下屬自己發現方法，光是你和平常不同的態度，就可以讓下屬體會到事態的嚴重性。

所以當下屬失敗時，為了主管自己好，主管也必須有「我要和下屬一起去道歉，和下屬一起思考挽回方法」的態度。這麼一來下屬也會有和主管一起努力的心情，不厭其煩地為失敗道歉，不辭辛勞地找出挽回的方法。

據說ＢＭＷ東京前社長，也是現任橫濱市長的林文子在斥責下屬前，一定會先稱讚他：

「你的這個部分很棒，但這裡很可惜。」

「看著你我覺得很不甘心，真的很不甘心。」

「你明明這麼好，這裡卻變成這樣，我真的很不甘心。」

我認為「很可惜」、「很不甘心」這種表現方式，是非常重要的說話方法。

正因為覺得對方很有價值，才會對不符合對方價值的結果感到「不甘心」。這樣的說法也傳達出對於對方原本的價值評價很高的含意。受到這種方式斥責的人，會產生「他這麼看好我，我很想做出不讓他失望的成果」的心情。

我也一樣會告訴學生「你不應該只是這樣的人」。「你不應該只是這樣的人」，其實或許沒有任何根據。可是抱著祈禱「你不應該只是這樣的人」的想法，一直這麼說，結果常常「弄假成真」。這可能是因為人類這種生物只要受人信任，就會想回報吧。

從某個角度來看，需要斥責的場合可能反而是絕佳的機會，告訴對方「你不應該只是這樣的人」。我希望大家能抱持這種想法。

當然斥責之後的後續處理也很重要。據說林文子斥責下屬後，也會很仔細地守護他，然後稱讚他「上次雖然我狠心地這麼說了，可是你真的很棒！」正因為不得不斥責下屬，我希望大家更有意地運用本書介紹的各種提振下屬士氣的方法，特別是在不得不斥責下屬之後。

偶爾也有嚴厲斥責比較好的時候

如果下屬自己覺得犯了無法挽救的大錯、事態嚴重了，不知該如何彌補才好，因此陷入茫然失措的狀態，而且還出現強烈自我懲罰的情緒，卻又不知該如何懲罰自己才好時，嚴厲斥責他反而可以舒緩他的情緒。

「你這個白痴！你給我捅了什麼婁子！」

對他破口大罵，可以讓纏繞在下屬心中的自我懲罰情緒，暫時沉靜下來。因為被罵了就等於接受了一種懲罰，讓他無意識地鬆了一口氣。之後再用溫暖的態度告訴他，「你現在可能很想懲罰自己，但先把這種心情放一邊吧。我們應該先一起想想，怎麼向受影響的人們道歉。不管要怎麼做，首要之務就是止損，不要讓失敗的影響繼續擴大。而且要道歉。之後的事以後再想。先想想現在應該做的事吧。」

也就是說，破口大罵的目的是為了救贖下屬。為了不讓下屬深陷自我懲罰的情緒，甚至做出辭職等出乎意料的決定，用破口大罵讓他受到一定的懲罰，做為他採取積極行動的契機。

只是這個分寸很難拿捏。如果不是真的曾經被大罵而獲得救贖的人，或是曾看過這種情形的人，沒有這些相關經驗很難執行。我被罵的經驗豐富，所以我大概知道什麼時候「下屬希望被我罵」，但對於沒有這種經驗的人，或許不要輕易嘗試比較好。

也正因為如此，在變成不得不罵的狀況之前，事前預防下屬犯下這種規模的錯誤，就變成關鍵所在。

激勵失望的下屬時

阪神大地震後，大家終於知道「加油！」這句話聽在對方耳裡，並不一定是正面的意思。「加油！」這句話對於心理上已經被逼到極限的人來說，可能被解釋成批評自己不夠努力，「可是我明明已經這麼努力了，還要叫我再努力嗎？」

希望對方加油時，說「你真的很努力耶」比較有效。你或許會覺得「都還沒開始努力，就說『你很努力』很奇怪」。然而其實周圍的人看起來沒在努力時，常常當事人心裡有很多糾葛，心裡正苦到吐血。

做什麼都不順利，本人也不知該如何是好，看到工作就煩。人總會有這種時候。周圍的人看他也知道他工作不順心，就算想稱讚他，可能也會被想成「又沒有什麼值得稱讚的地方，還硬要稱讚我，真的太虛偽了」，不會有太好的結果。

此時如果著眼在他內心的辛勞，同理他的情緒，「明明這麼辛苦，你真的很努力耶」，他原本繃緊的神經也會舒緩開來。不久後他自然會有「你懂我，那我再努力一下吧」的想法，得以再次鼓起勇氣。

如果你知道對方因何而苦，也可以跟他分享自己的經驗，「我也曾經這樣……」。

如果你完全不知道對方因何而苦，也可以說「我不知道現在你在煩惱什麼，所以可能文不對題」，然後分享自己有相同精神狀態時的體驗。

此時要小心分享不要變成「自吹自擂」。年長者很容易說成是「我也遇過這種困難。但我用意志力和耐心克服了」，變成炫耀自己的光榮史，聽的人就只想敬而遠之，「哦這樣啊，你好棒」。

比起自吹自擂，分享「丟臉的經驗」更好。「這事說來丟臉……」，用我偷偷告訴你我失敗經驗的方式比較好。

也可以用即使到現在我都還沒找出答案的說法，如「那時到底我應該怎麼做才好啊」。比起聽到「正確答案」，人類好像聽到可以共鳴的內容，更能客觀地看待自己的煩惱，找尋線索。

「他也跟我一樣煩惱過。雖然我不知道他是怎麼克服的，不過他既然可以對我敞開心胸，就表示對他來說這件事已經過去了。所以只要有時間，我應該也可以度過吧」，讓自己重拾勇氣。

只要表示共鳴，就可以給人帶來勇氣。

每個人都有很痛苦、不想理人的時候。此時連別人安慰自己的話，聽來都很刺耳，內心很討厭人家追根究柢地問「到底發生什麼事了？」

這種時候就讓他自己安靜一下，在旁守護即可。很奇妙的是「希望你振作起來」這種祈禱的心情，不知怎地就會傳達給他。保持距離的方法或許正像是「美夢成真樂團」（Dreams Come True）的名曲「Thank you.」的場景一樣。

不說多餘的話，也不因為害怕傷害他而故意保持距離，就一直陪在他身旁一起工作，直到他恢復為止。

不刨根問底，只是一起度過時光。光是這樣他應該就可以感到輕鬆多了。

沒有餘力慢慢培育下屬時

如果真的沒有多餘心力去培育下屬，手下最好不要帶人。因為沒有餘力培育下屬卻又帶人，對你和下屬來說都是很不幸的事。

本書讀者當中應該也有這種人。「自己的工作量已到極限，沒有下屬幫忙真的不行了，所以就僱用下屬。而且營收也沒那麼充裕，下屬必須是即戰力才好」。

此時就像是暫時避難一樣，你接二連三地下指示給下屬，要下屬工作。自己都已經沒有餘力了，當然很難同時把下屬培育成自律的人才。

「為了度過部門眼前的危機而讓下屬工作」，和「培育出不是被動人才的下屬」，這兩件事原本就不可能並存。

為了度過眼前的危機而指示下屬工作，最終培養出一個指令一個動作的下屬，也只能自己認了。

主管也要自覺在這種情況下，很難培育出自律人才，暫時放棄這種想法。

此時或許有人會忍不住地想讓下屬知道公司或部門的艱難狀況，透過危機意識讓下屬更努力工作，特別是營收遲遲無法成長而焦慮不已的經營者。然而這種做法不會成功。經營者可能很想說：「我這麼有危機意識地工作，那傢伙卻一點幹勁也沒有！」、「經營者和員工的意識果然不一樣」等等，但站在員工立場卻無法理解。

經營者和主管沒有退路，所以危機意識可能成為努力的原因。但受僱的新人反而可能採取逃避行為，「既然如此，三十六計走為上策」。立場不同，危機意識不但無法成為動機，反而可能有反效果。

與其訴諸危機意識，不如尋求「幫助」。不要只告訴員工「現在業績不好」，而是告訴他「接下來○個月我們部門會非常忙，很抱歉這段時間我無法好好教你．不好意思請你先聽我的指示，做好我交待的事。等忙完後我一定會好好教你，在那之前請你先幫我忙」，把下屬當成助手，兩個人一起完成工作。先讓業績成長，重振旗鼓。

但每天請不要忘記說「不好意思你才剛來，就讓你這麼忙！」每完成一項工作，也不要吝於感謝「謝謝你！真的幫了我大忙了。」

等到度過危機，行有餘力時，就要整頓培育「自行思考並付諸行動」的人才所需的環境。在那之前不論是你還是下屬，都只能忍耐。

怎麼做都無法建立良好關係時

本書內容是以人類共同的心理結構為基礎，大致通用，至少一直以來我都用得很順心。不過一粒米養百種人，所以無法保證一定成功。

有些時候真的是無計可施，也就是「感情過於執拗」時。如果下屬看不起主管或憎惡主管，不管主管說什麼，都會因為「反正那個人……」而被瞧不起。這種情形下就算主管想改善關係也很難，只能等待時間解決一切問題。但同在一個部門中，如果只能等待，度過毫無生產力的時間，對雙方來說都沒有好處。有時先結束關係，對雙方來說都是好事。

性格不一致也常常導致感情過於執拗。每個人的性格都可能有自己根本無法原諒的類型。如果很不幸地主管和下屬剛好是這樣的組合，只能儘量保持公事往來，避免直接衝突，不冷不熱地相處。

不過感情執拗常源自單方面認為「對方應該這樣」的想法。正如第四章提到的「期待」，就是問題的根源。因為「對方應該這樣，但卻沒有」，所以滿肚子火。

人有百百種，就算有差異，也必須有不能互相尊重的話，雙方都會出問題的共識。只要能有這種共識，就算思想信念截然不同，性格迥異，也不會輕易起衝突。

如果一方說出「對方的這裡讓我看不順眼」，衝突就會由此而生。要避免陷入這種窘境，就要「尊重彼此的差異」。再說得現實一點，最好事先認知「差異一定存在，算了吧」。只要不因為不同於自己的做法看對方不順眼，只要對方是正常人，就會接收到你傳達的無聲訊息，尊重彼此的差異。

只要一出現感情執拗，就很難修復。所以一開始的相處最重要。當發現快要出現感情執拗時，也不要勉強，暫時先退一步，用時間換取空間，這也是一種方法。自己是否對對方過度期待？對方是否對自己有任何形式的過度要求？雙方都必須再次反省，不要要求過多，也不要過度期待。

你也必須事先告訴對方自己只會這種相處方式（工作量很大，無法確保充足的時間給你等等），別讓對方有過多期待。

只要能讓感情執拗不要一直發酵下去，就有修復可能。所以一開始是最重要的。

覺得下屬不合適時怎麼辦？

對於「沒有才能，不合適」這種表達方式，我持保留態度。因為常聽到一開始被人認為沒有才能的人，後來發現原來是絕世天才的例子。也常聽到看來愚笨的人腳踏實地努力後，做出驚人成果的例子。我小時候也一直被人說很遲鈍，所以「沒有才能，不合適」這種好像要放棄一個人的發言，讓我總會想到好像是自己要被放棄了一樣，很難過。

數學家同時也是教育家的京都大學名譽教授森毅曾說過他自己的經驗。有一位數學家不論別人怎麼說明，他都無法理解理論，問的問題也都亂問，森毅因此很擔心「他真的沒問題嗎？」。沒想到幾年過後，他竟然成為這個領域的最高權威，嚇了森穀一大跳。所以我真的不知道是否應該輕易說出一個人沒有才能、不合適這種話。

但或許有時主管真的會覺得「我沒有自信帶領你」。如果遇上比我更好的指導者，我認為不合適的下屬說不定也可以獲得卓越成就。可是如果讓我來指導，很難出現這種結果。有時就是會有這種想法。如果是這樣，就只能老實告訴他「很抱歉我能力不足」，請他另尋高明，例如換部門、換工作等。

不過一般可以通過徵才面試錄取的人，應該都有一定程度的適合性。如果錄取後才發現這個人不合適，就必須先懷疑自己看人的眼光。也正因為如此，我希望大家不要輕易做出「沒有才能，不合適」的結論。

年紀大了之後，我常常會覺得「啊啊，如果是現在的我就有辦法帶他了」。我想起一些案件，因為當時自己也不成熟，無計可施，可是現在的自己應該有許多方法可以用。這麼一想，我更無法輕易做出「他不合適」的判斷。因為問題可能出在自己的指導力上。

話雖如此，適性問題還是存在。如果有人叫我在數學物理領域交出成績，我一定拒絕。叫我在音樂領域交出成績，我也只能說「抱歉」，敬謝不敏。如果你對一個領域不感興趣，也不想努力學會，那就真的不合適了。

不過如果明明做得很糟，卻很喜歡那個領域，也不想放棄學習時，那就可能有某種形式的「適性」。就算無法立刻開花結果，也有開花結果的可能。

只不過眼前要把它當成維生的「工作」，實力還差太多。那麼目前就只能放棄把它當成工作。

數學、音樂或藝術等需要特殊才能的領域除外，大多數的一般工作，只要本人有意願做，也有基本能力，應該就可以做。而且本人的幹勁有相當程度可以靠主管引導發揮。方法就是本書前面提及的內容，這裡不再重複。當然主管採取措施時，必須從適合本人的「角度」切入。

舉例來說，我沒有什麼實驗技巧。正因為如此，我會大膽設計研究主題，挑戰其他人不投入的領域，以掩蓋實驗技巧不佳的事實。如果不這麼做，而想靠實驗技巧作戰，我應該永遠翻不了身吧。

每個人都必須巧妙活用自己的適性、強項。靈巧的人應該活用自己的靈巧，不靈巧的人就要找出不靈巧也可以做到的方法。適性和換個角度來切入，是不一樣的概念。主管必須找出下屬的適性，和本人好好討論後，多方嘗試切入的角度。

身為業務人員卻不會說話，那就把誠實擺前面，用和話術完全不同次元的方式決一勝負，如為了客戶使命必達，只要能讓客戶高興，也不排斥和工作無關的事等等。

身為技術人員卻不靈巧，那就可以用不靈巧的人也做得出來的精簡設計決一勝負。每種適性的人都有適合自己的工作方式。和他一起找出適合自己的工作方式，也是主管的工作之一。

可以持續成長的訣竅

很多人認為有創意巧思的人只是少數。然而抱著這種觀念，就無法培育出「自行思考並付諸行動」的下屬。要培育出有創意巧思的人才，其實大多數情形下都是可能的。訣竅就是本書中反覆提及的「假設性思考」。

每次一說到創立蘋果公司，並成功推出暢銷電腦和智慧型手機的史蒂芬・賈伯斯，就很容易出現世界上就是有少數天才存在，凡人不可能成為天才的結論。所以要把凡人培育成有創意巧思的人才，根本就是異想天開，很多人就這樣放棄了。

我不知道賈伯斯是如何養成的，不過要培育出有創意巧思的人才並非天方夜譚，只不過可能有程度上的差異。我們不需要因為培育不出第二個賈伯斯，就放棄所有培育出有創意巧思的人才的可能性。

如何才能讓凡人也有創意巧思？「假設性思考」就是訣竅之一。

針對已實踐本書內容，但「還不太了解『假設』，無法實踐」的人，我來打個比方。

有個國中男生喜歡一個女生。他很想跟那位女生交談。經過觀察，他發現女生好像很喜歡動物，只要說到動物，她就會和朋友聊得很開心。

所以國中男生做了一個「假設」：「只要拋出動物的話題，可能就可以開心聊天」。所以他開口向女生說：「前一陣子我去了動物園，結果發現很奇怪的動物。」女生立刻對這個話題表示興趣，「咦，怎麼個奇怪法？」

聊得正開心時國中男生把話題轉回自家養的小貓上。結果女生表情突然暗了下來。看來她雖然喜歡動物，但卻不太喜歡貓。

於是國中男生又做了一個「假設」：「她是不是因為聽了貓變成妖貓的鬼怪故事，而討厭起貓來？」

之後這個國中男生針對女生喜歡什麼樣的話題、不喜歡什麼，陸續建立好幾個假設，學習如何和女生相處。而且透過建立的許多假設，他也看出女生的個性。

所謂「假設性思考」，就是針對不知怎麼做才好的事物，先試著建立「是不是這樣呢？」的假設，然後根據假設實際去做做看。如果結果和假設不同，就要思考是不是假設有誤（她其實討厭動物），或是應該建立新的其他假設（她雖然喜歡動物，但討厭貓）。用這種方式學習和未知的人事物相處、因應的方法。

也就是說「假設性思考」就是人類下意識在做的事。只不過下意識地做和有意識地實踐，結果大不相同。

無法發揮創意巧思的人，認為世界的某個角落裡一定存在所謂的「正確答案」，只是自己不知道、不可能知道，所以就放棄了。然而世間事十之八九都沒有正確答案。可是這種人卻因為認為「其他人知道正確答案，可是自己不可能知道」而輕易放棄，這樣實在很可惜。這種人也放棄建立假設，所以越來越不知道如何和未知的人事物相處。

「假設性思考」最優秀的一點，就是只要花時間，就可以把原本「不知道」的事，變成「知道」的事。

例如，假設你有一個夢想，「想開一家門庭若市的咖啡廳」。但你不知道如何才能夢想成真，然後你就建立一個假設，「只要多去參觀一些流行的咖啡廳，應該就可以掌握訣竅吧」。然後在參觀咖啡廳的過程中，你發現有些店的客人都是老人家，有些都是年輕人。所以你又建立了一個假設，「店內裝潢可能決定顧客年齡層」。然後仔細觀察年輕人喜歡光顧的咖啡廳，店內裝潢有什麼特色，以驗證自己的假設。

反覆這麼做之後，你的觀察能力越來越好，建立的假設也越來越切中要害，夢想成真的可能性越來越高。就算發現假設有誤，你也能反省後再建立新的假設。

整理一下這一連串的步驟，就是觀察↓推論↓假設↓驗證↓考察這五個階段。其實這也正是科學的方法論。觀察在意的現象，推測正在發生什麼事，建立「是不是這樣？」的假設，然後驗證假設是否正確。再仔細思考所得結果，開始新一波的觀察，不斷地反覆這個循環。

這樣聽來好像很難，其實這不過是人類很自然的學習方法。上小學後我們開始被訓練要記住很多「正確答案」，不知不覺中就忘記假設性思考了。可是能把未知變成已知的假設性思考，其實是每個人上小學前就有的本能。嬰幼兒很自然地就會利用假設性思考的步驟，把「未知」變成「已知」。

只要有意識地進行假設性思考，就可以成為挑戰未知的人。可以挑戰未知，就表示這個人有創意巧思，因為他知道如何和未知相處。只要能有意識地實踐上小學前大家都習以為常的「假設性思考」，每個人都可以成為有創意巧思的人。

如何讓下屬學會「假設性思考」？身為主管的你如果能建立「假設」，持續挑戰，一定可以培育出有創意巧思的下屬。

不順心時並不表示已經絕望。你可以把這種時候想成是要你改變做法的信號。

能發現這一點的人，我想都能不斷地成長。

然後大家可以用科學的五階段法來驗證本書內容，精益求精。大家這麼做就是我最大的幸福。

結語

我已經年過四十五，越來越多和我同年紀的人開始帶人。每每和同年紀的人一起吃飯喝酒，都會聽到有人感嘆下屬「不會自己想，不積極行動」。每當我聽到這種話，都覺得好像是在批評我。因為我是一個很不懂事的人。

不知是什麼樣的因緣巧合，我竟然來寫這種教人如何當主管的書。我自己根本就不是一位理想主管。如果讀者們以為書中寫的好主管就是我，那真是誤會大了。

但是一路走來我的確有幸遇到許多好主管。我不是一個圓滑的人，但我有幸遇到能包容我這種有稜有角的人，而且讓我幹勁十足的主管。大家可以想成我以這些人生導師為範本，彙整成本書。

雖然我本人沒有什麼才華，但因為遇到這些好主管，也成為一個多少會做點事的人。如果連我都能做點事，我想大多數人都能發揮遠勝過我的才能。

我不認為人類很堅強。在惡劣環境中仍能靠自己的能力突破限制的人，其實是少數。就像仙人掌無法在熱帶雨林生長，紅樹林無法在砂漠中存活一樣，在惡劣環境中的種子其實很難生長。

只要越來越多主管有意識地想發揮下屬才能，能開拓自己人生的人就會增加數倍。主管既然是人上人，當然有很大的責任和影響力。

本書是為了新手主管而撰寫的內容。不過原本我關心的重點在於育兒。我和自家員工、學生的相處方式，也有許多是思考育才和育兒共通點時的發現。所以我才執筆撰寫這本和教育相關的書籍。不過老實說，沒有帶領過大組織的我來談「主管」，真的是一件沉重的工作。

如果沒有我的責編，也就是編輯集團WawW! Publishing的乙丸編輯和文響社的谷編輯不斷地鼓勵，這本書應該會難產。

執筆撰寫本書的同時，也讓我深深覺得育兒論、主管論，甚或是寵物教育，其實有很多共通點。當然以大人為對象的主管論，和以小孩為對象的教育論、以動物為對象的寵物論，不同的地方也很多。

不過我認為醞釀士氣、發揮自主性這一點，可說是「生物」的共通處。撰寫主管論讓我深感負擔沉重，但我仍提筆挑戰，也是想藉此表達我對所有耐心培育自己的主管、引導我的雙親和周遭的大人們，以及學生時期的老師們的感謝之意。

而且我也希望更多人能跟我一樣，體會到感謝他人的幸福。

親戚當中我是自認和公認最沒有才華的平凡人。即使如此我還是能走到今天，完全是受惠於許多貴人的引導。所以聽到人家說「沒有才華的人做什麼都不會開花結果」、「被動人才原本就欠缺自行思考能力」，我都有被刺傷的感覺，覺得是在說自己的壞話。

雖然我很幸運地遇到許多貴人，但我一直覺得在這些話的陰影下，有很多傷心難過的人們，就像過去的自己一樣。

所以我非常希望讀者們的下屬能和我一樣，有機會感謝自己的好主管。希望他們有機會感謝主管，讓他們成為會做事的人。甚至希望自己能成為和主管一樣的人。這是我的衷心期望。

兩個契機讓我必須有幹勁。一是家中經濟困難時，我打破了別人家的大窗戶。家中只有一千日圓，卻必須賠人家八萬日圓，母親因此崩潰大哭。當時在父親教誨下，為了向母親道歉，我開始認真讀書。在那之前我都在混，所以之後成績自然也逐步改善。

而朋友的一句話，則成為左右我人生的重要關鍵。一直是全學年成績名列前茅的他因為家庭因素，不得不選擇就讀工業高中，畢業後就開始工作。不知為什麼他竟然跟我說「連我的份一起努力吧」。雖說我的成績有所改善，但還是遠遠落後他。我希望就讀的公立高中也不是名校，班導還一直叫我不要太好高騖遠。可是一想到那位朋友心中的悔恨，我又沒有退路。所以之後我真的是死命用功讀書。

像我這種沒什麼才能的平凡人，只要有激發幹勁的契機，也可以出現驚人的成長。要激發幹勁，環境當然重要，但有時只要一句話也有一樣的效果。我相信如果大家有機會遇到這樣一句話，一定也可以發揮出凌駕自己才能素質的努力。

撰寫本書時我的兩個小孩分別是三歲和未滿一歲。我也必須老實承認執筆期間，我把養小孩的重責大任全丟給內人了。

不過在彙整本書內容時，我也因為和內人共享育兒煩惱、該如何面對小孩等，而有許多心得。三歲幼兒的心理結構其實和大人一樣。既然如此，就算是很會掩飾自己真心的大人，一定也和嬰幼兒一樣，有一顆容易受傷的心。我有很強烈的這種感觸。因為我必須承認自己雖已四十多歲，但仍有一顆和三歲稚兒差不多的心。

嬰幼兒的特徵就是「我不想做的事就絕對不做」。從這個角度來看，比起心中有各種盤算的大人，嬰幼兒更是想方設法提升對方幹勁的最佳「實驗對象」。

只要能成功帶動三歲稚兒，更容易帶動心中有各種盤算的大人。我認為育兒經驗真的對深入理解人心十分有幫助。

日本女性只要結婚生子，就會離開職場。等到小孩大了育兒工作告一段落，想再回到職場衝刺時，卻只能找到兼職或打工的工作。然而育兒奮鬥的經驗，其實和主管如何帶領下屬直接相關。所以日本社會活用人才的方法，或許存在相當的錯誤。

我之所以有這種想法，自不待言是受到內人影響。老實說剛結婚時我也有根深蒂固的男尊女卑想法。看看現狀，內人辭去工作在家專心帶小孩，雖說這也是因為小孩還小的關係，但也表示我內心其實還殘留著男尊女卑的想法。即使如此，我還是有「不活用女性的這種才能，實在很可惜」的想法，這就要感謝內人了。

她原諒我的不足，為我加油打氣的話，換作是主管來說，也很令人佩服。從這個角度來說，本書或許也可以說是基於「如果是內人，她會怎麼做？」的想法，彙整而出的一本書。

大家也可以想成本書是我集結了許多人的長處彙整而成。我由衷感謝老天讓我有機會可以遇到這些人。

我也希望集結他人長處的連鎖反應，能拓展到讀者們以及你們周遭的人身上。

篠原信

國家圖書館出版品預行編目(CIP)資料

給主管的教科書：教你從新人報到第一天開始，帶出自行思考並付諸行動的下屬/篠原信著；李貞慧譯. -- 初版. -- 臺北市：商周出版：英屬蓋曼群島商家庭傳媒股份有限公司城邦分公司發行, 2021.04
288面；14.8×21公分. -- (ideaman；126)
譯自：自分の頭で考えて動く部下の育て方：上司1年生の教科書
ISBN 978-986-5482-10-7(平裝)
1.企業領導 2.組織管理
494.2　　110002512

ideaman 126

給主管的教科書

教你從新人報到第一天開始，帶出自行思考並付諸行動的下屬

原著書名／自分の頭で考えて動く部下の育て方：上司1年生の教科書
原出版社／株式会社文響社
作者／篠原信
譯者／李貞慧
企劃選書／劉枚瑛
責任編輯／劉枚瑛

版權部／黃淑敏、邱珮芸、吳亭儀、劉鎔慈
行銷業務／黃崇華、賴晏汝、周佑潔、張媖茜
總編輯／何宜珍
總經理／彭之琬
事業群總經理／黃淑貞
發行人／何飛鵬
法律顧問／元禾法律事務所　王子文律師
出版／商周出版
台北市104中山區民生東路二段141號9樓
電話：(02) 2500-7008　傳真：(02) 2500-7759
E-mail：bwp.service@cite.com.tw
Blog：http://bwp25007008.pixnet.net./blog
發行／英屬蓋曼群島商家庭傳媒股份有限公司城邦分公司
台北市104中山區民生東路二段141號2樓
書虫客服專線：(02)2500-7718、(02) 2500-7719
服務時間：週一至週五上午09:30-12:00；下午13:30-17:00
24小時傳真專線：(02) 2500-1990；(02) 2500-1991
劃撥帳號：19863813　戶名：書虫股份有限公司
讀者服務信箱：service@readingclub.com.tw
城邦讀書花園：www.cite.com.tw
香港發行所／城邦(香港)出版群組有限公司
香港灣仔駱克道193號超商業中心1樓
電話：(852) 25086231傳真：(852) 25789337
E-mailL：hkcite@biznetvigator.com
馬新發行所／城邦(馬新)出版群組【Cité (M) Sdn. Bhd】
41, Jalan Radin Anum, Bandar Baru Sri Petaling,
57000 Kuala Lumpur, Malaysia.
電話：(603)90578822　傳真：(603)90576622
E-mail：cite@cite.com.my

美術設計／簡至成
印刷／卡樂彩色製版印刷有限公司
經銷商／聯合發行股份有限公司
電話：(02)2917-8022　傳真：(02)2911-0053

■2021年（民110）4月1日初版
■2023年（民112）10月23日初版3刷
定價／390元

Printed in Taiwan

城邦讀書花園
www.cite.com.tw

ISBN 978-986-5482-10-7

Idea man

Idea man

Idea man